De l'autre côté du miroir quantique

Sources et inspirations des illustrations

P. 12 : photographie de Thomas Prior pour le *TIME*, 13-20 février 2023. P. 42 : Schrödinger Day – Schrödinger Night de Blanca Vidal. P. 56 : René Magritte, *Les mots et les images*, Espace Nord, 2012. P. 61 : Schrödinger's Cat de Draguunthor. P. 92 : The Truth dans *Fullmetal Alchemist* de Hiromu Arakawa, Kurokawa. P. 111 : Antoine de Saint-Exupéry, *Le Petit Prince*, Gallimard, 1999. P. 136 : M. C. Escher, *Montée et Descente*, lithographie, 35,5 × 28,5 cm, Musée d'art d'Indianapolis, 1960. P. 139 : Sofonisba Anguissola, *Portrait de moine*, huile sur panneau de bois, 68 × 53,3 cm, collection particulière, v. 1556 ; Léonard de Vinci, *La Joconde*, huile sur bois, 77 × 53 cm, musée du Louvre, v. 1503-1506 ou 1513-1516. P. 160 : escalier de Penrose, 1958. P. 163 : M. C. Escher, *Chute d'eau*, lithographie, 38 × 30 cm, musée Escher (Pays-Bas), 1961. P. 167 : Three Utilities Problem de CMG Lee.

Maquette de couverture : Nicolas Wiel
Mise en pages : Nord Compo

L'éditeur remercie Xavier Muller pour sa participation à la relecture de cet ouvrage.

11 rue Paul Bert, 92240 Malakoff
www.dunod.com
ISBN 978-2-10-084616-0

Préface

Freeman Dyson (1923-2020), célèbre physicien théoricien anglo-américain et brillant essayiste qui se disait « fier d'être un hérétique », écrivait en 1958 :

> « Un jour, les étudiants, dès le début de leurs études, accepteront la mécanique quantique comme une manière de penser simple et naturelle, parce que nous tous, nous y serons enfin habitués. »

Un demi-siècle plus tard, lors d'un cours sur le plateau de Saclay, j'ai rencontré un étudiant qui portait toujours sa casquette à l'envers en classe. Il est rapidement devenu stagiaire dans mon laboratoire, puis doctorant à Grenoble et chercheur en physique quantique à Barcelone. Quinze ans plus tard, c'est lui qui m'a convaincu que le vœu de Dyson était enfin exaucé. « Quantique », comme le démontre Hippolyte Dourdent dans son premier livre, ne signifie plus « occulte ».

Grâce aux avancées dans les fondements de la mécanique quantique rendues possibles par la nouvelle discipline de l'information quantique, les vieux démons des théoriciens du XXe siècle sont devenus les termes d'un langage que les jeunes manient avec aisance. Superposition, intrication, non-localité, contextualité, causalité quantiques : ces mots sont désormais aussi courants que les réactions sur Instagram ou les chorégraphies sur TikTok. Intégrés dans notre grammaire neuronale, ils deviennent les éléments constitutifs d'une vision du monde. Le lecteur trouvera facilement une place à sa mesure dans ce monde selon Hippolyte Dourdent, tantôt pop, tantôt rigoureux, parfois complexe et parfois charmant, illustré par des dessins ou des formules, composé d'histoires, de jeux, de paradoxes et de connaissances.

Comment est née la nouvelle génération de conteurs quantiques ? Par la voie d'un « émerveillement qui n'est jamais passif ».

Suivez-la.

Tout enfant dessine des triangles et des petits cercles, qu'il relie avec des lignes ressemblant à des câbles. C'est le langage de base de la téléportation quantique : des diagrammes illustrant la notion de « catégorie monoïdale ».

Tout enfant apprend à écrire « X » ou « Z ». Il connaît les combinaisons possibles des lettres et celles qui sont interdites. C'est le langage de base du calcul quantique : un alphabet fait d'incontournables matrices de Pauli.

Lorsque ces « dessins d'enfant », selon l'expression du grand mathématicien Alexandre Grothendieck, envahissent une science réputée obscure, celle-ci s'ouvre devant son lecteur comme le visage d'une aimée qui apparaît soudainement dans une fenêtre. « Que tu es belle, que tu es agréable, mon amour, au milieu des délices », dit le Cantique des cantiques en précipitant le jugement au sujet de l'inconnue dont tout reste encore à apprendre. Et d'ajouter :

« Reviens, reviens, Sulamite ! »

Reviens, mythique SU(2), reviens la Quantique, afin que nous puissions t'étudier !

Alexei Grinbaum,
physicien et philosophe, directeur de recherche au CEA-Saclay

|Pour Pandore⟩

« Le sujet n'appartient pas au monde,
mais il est une frontière du monde. »
Ludwig Wittgenstein,
Tractatus Logico-Philosophicus, 5.632, 1921.

Prologue

UNE NOUVELLE RÉVOLUTION QUANTIQUE

Imaginez. 2064. L'avènement de l'informatique quantique a révolutionné les industries, remodelant le paysage de la science, des communications et de la sécurité. En dominant la construction des ordinateurs quantiques, les grandes entreprises sont sorties victorieuses de la Grande Ruée quantique et ont instauré un nouveau totalitarisme technologique. Des méga-villes comme Quantumopolis ont émergé, véritables centres névralgiques d'innovation effervescente qui centralisent des données quantiques traitant l'information à des vitesses auparavant considérées comme impossibles.

La grande multinationale Nil a été l'une des premières à franchir le pas de la transition quantique, et elle est à présent à l'avant-garde de cette renaissance technologique. Son laboratoire, niché au sein du vaste Complexe de Recherche quantique, se concentre sur l'exploitation de la puissance des algorithmes quantiques à des fins d'optimisation logistiques et financières. La nouvelle révolution quantique a repoussé les limites des services de livraison et de la gestion de portefeuille en perfectionnant à leur paroxysme l'acheminement des marchandises et l'anticipation des fluctuations boursières.

La célèbre société pharmaceutique Beyar s'est quant à elle positionnée en cheffe de fil internationale de la chimie quantique qui, autrefois limitée par les contraintes de l'informatique classique, dévoile maintenant ses mystères avec une précision sans précédent. En simulant des structures moléculaires complexes et des réactions catalytiques, les simulateurs quantiques de Beyar accélèrent la découverte de médicaments révolutionnaires et la conception de produits agrochimiques certifiés sans danger pour l'humanité.

Pendant ce temps, dans le cœur animé de Quantumopolis, une équipe de cryptographes quantiques d'élite repousse les limites de la communication sécurisée. La distribution quantique de clés est devenue l'épine dorsale de la cybersécurité mondiale. Les jours des vulnérables chiffrements classiques sont révolus, et ces méthodes ont été remplacées par des canaux de communication quantique inviolables. Gouvernements, institutions financières et entreprises confient leurs informations les plus sensibles à des réseaux sécurisés quantiques.

Dans l'ombre des grandes corporations, dont les habitants de Quantumopolis n'ont que des échos indirects, les nouvelles technologies quantiques se sont toutefois insinuées de manière inattendue dans la vie quotidienne. Chaque smartphone abrite l'application « QuantumBet », qui redéfinit le tissu social de la mégalopole en permettant de parier en direct sur des résultats de mesures quantiques, véritables fabriques de hasard pur. À la fin de chaque semaine, les joueurs en tête de classement obtiennent le grade d'Oracle, qui leur donne accès la semaine suivante à de nombreux services et privilèges. De plus en plus de citoyens se laissent ainsi progressivement guider dans leurs choix quotidiens par cette génération d'aléas quantiques, renonçant, peu à peu, à une part de leur libre arbitre.

Si cette dystopie future (générée en partie à l'aide de l'agent conversationnel ChatGPT) peut sembler exagérée à nos yeux, elle imagine néanmoins une issue d'une course technologique bien réelle, dont le départ vient d'être lancé. Depuis quelques années, États et grands groupes industriels se livrent une compétition internationale acharnée dans le but de développer de nouvelles technologies qui reposeraient sur la subjugation d'étranges phénomènes observés à l'échelle du tout petit, rassemblés sous le nom d'*étrangeté quantique*. Celle-ci serait la source d'une nouvelle ère technologique, la « *seconde révolution quantique* », qui façonnerait l'équilibre géopolitique des futures décennies dans une nouvelle lutte pour la domination scientifique. À l'heure d'aujourd'hui (printemps 2024), l'investissement global des gouvernements mondiaux se chiffre probablement en dizaines de milliards[1]. En 2018, la Commission européenne a alloué un milliard d'euros de financement sur une période de dix ans pour lancer le fleuron européen en matière de technologies quantiques (European Quantum Flagship). En France, le 21 janvier 2021, Emmanuel Macron a présenté la stratégie nationale en annonçant un plan d'investissement sur cinq ans d'une valeur de 1,8 milliard d'euros dans les technologies quantiques, déclarant :

> « Nous savons la compétition chinoise, américaine, mais compte tenu des disciplines qui sont clés dans le quantique, compte tenu de ce qui a déjà été fait par notre communauté scientifique, compte tenu de l'implication de nos acteurs de recherche fondamentale et des industriels, nous avons les recettes aujourd'hui pour réussir et être parmi les tout meilleurs dans cette bataille. »

Les compétiteurs engagés dans cette Grande Ruée quantique ne sont pas seulement étatiques. Google, IBM, Amazon…, les géants du numérique investissent aussi massivement dans la course et annoncent régulièrement en avoir franchi un jalon important.

À la une de son numéro de mi-février 2023, le *Time Magazine*, un des principaux hebdomadaires américains, titrait ainsi « The Quantum Leap », que l'on peut traduire littéralement par « Le Saut quantique » en référence au caractère « bondissant » des particules quantiques qui peuvent « sauter » d'un état à un autre, mais qui est aussi une expression désignant un « Grand Développement ». En guise d'illustration, la photographie d'un mystérieux chandelier de câbles métalliques, légendée par la phrase : « Cette machine peut résoudre des problèmes en quelques secondes qui prenaient autrefois des années. » Cette machine, c'est un « *ordinateur quantique* » (appartenant ici au géant américain de l'informatique IBM), Graal de la conquête informatique de notre siècle… Enfin, pas tout à fait. L'étrange pièce montée inversée qui semble sortie tout droit d'un film de science-fiction est un ingénieux système de refroidissement (un frigo). Ledit ordinateur quantique est la petite puce de processeur nichée à la base du dispositif (pas si imposant que ça finalement).

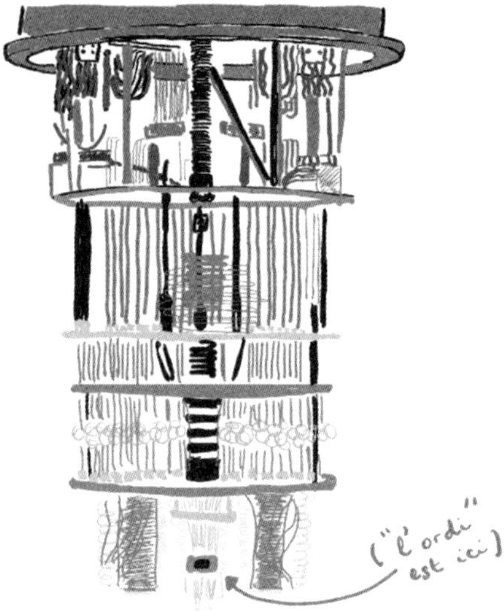

Ceci n'est pas un ordinateur quantique.
(C'est un (mauvais) dessin de frigo.)

Mais peu importe. D'après le journaliste du *Time Magazine*, cette petite puce va faire des miracles. Le célèbre cabinet de conseil en stratégie McKinsey est vraisemblablement du même avis, puisqu'il publiait l'an passé sur son site Internet un article intitulé « L'informatique quantique pourrait bien sauver la planète[2] ». Au programme, « réforme de l'alimentaire et de la foresterie », « électrification de nos vies », « refonte des opérations industrielles » et « décarbonation de l'énergie et du carburant »… Rien que ça ! Disons-le clairement, dans la langue de Molière, cela s'apparente à de la « crotte de vache quantique » (« *quantum bullshit* » pour les anglophones). Non, les futures technologies quantiques ne sauveront pas la planète. Au mieux, certaines de leurs applications spéculatives (et encore faiblement documentées d'un point de vue théorique à l'heure actuelle) pourraient, il est vrai, avoir un effet bénéfique pour l'environnement. Néanmoins, leur impact écologique est encore mal compris.

Pour combler cette lacune, une « Initiative pour l'énergie en quantique », invitant scientifiques, groupes industriels et gouvernementaux à se rassembler autour de la question de l'empreinte énergétique des futures technologies quantiques, a été récemment mise en place sous l'impulsion des travaux de la chercheuse Alexia Auffèves[3] et de son équipe. Pour paraphraser l'ingénieur-physicien Dennis Gabor[4], les objectifs des technologies à venir ne devraient plus résider dans la simple satisfaction de désirs archétypaux, mais dans la nécessité de réparer les maux et les dommages engendrés par les avancées technologiques passées. Mais, même dans l'hypothèse où la quantique offrirait un avantage énergétique significatif, il est vain de voir en elle une figure salvatrice. Le problème est simplement d'ordre temporel. Les prometteuses technologies quantiques, si tant est qu'elles soient réalisées un jour, ne sont *a priori* pas pour demain. Elles pourront difficilement permettre d'éviter une catastrophe qui aura déjà eu lieu. Qui plus est, au risque de paraître cynique, trouver une solution au désastre climatique n'est probablement pas la motivation première des participants à l'affrontement techno-géopolitique en cours.

Quelles applications potentielles excitent donc tant scientifiques, entreprises et gouvernements ? L'introduction science-fictionnelle que vous avez lue donne quelques pistes. On peut également se référer aux axes de recherche définis au sein du Centre national de la recherche scientifique (CNRS), parmi lesquels on trouve « Communication quantique & Cryptographie (QCOM) », « Ordinateur quantique, Calculs & Algorithmes (QPAC) » et « Métrologie quantique & Capteurs (QMET) ». En « QCOM », la seconde révolution quantique permettrait de mettre en place des communications hautement sécurisées, voire impiratables, car protégées par les lois de la physique quantique elles-mêmes. Au contraire, en « QPAC », un certain algorithme – une suite de règles à exécuter pour effectuer un calcul – quantique menacerait entre autres la sécurité de la plupart de nos transactions bancaires. Plus spéculatif, un calculateur quantique faciliterait également la compréhension des caractéristiques de certains objets complexes, comme les molécules, et aiderait ainsi à développer la synthèse de nouveaux matériaux et médicaments. En « QMET », une nouvelle génération de capteurs quantiques permettrait d'effectuer des mesures à très haute précision. La détection d'ondes gravitationnelles – empreintes de la fusion de deux trous noirs – en 2015 par les instruments LIGO et Virgo reposait déjà en partie sur ce type de technologie. Dans un récent rapport stratégique destiné au Congrès américain[5], un comité d'experts de conseil pour la Défense (Defense Science Board) indique que les capteurs quantiques représentent actuellement « l'application militaire la plus avancée des technologies quantiques », une technologie qui serait d'ores et déjà prête à être déployée en opérations. La précision accrue de ces capteurs offrirait aux forces armées la capacité de maintenir leur efficacité dans des environnements où le système GPS est perturbé. Ils pourraient être ainsi utilisés principalement dans des missions de renseignement, de surveillance et de reconnaissance, améliorant par exemple la détection des sous-marins et compromettant la survie des systèmes de dissuasion nucléaire en mer.

Que l'ensemble de ces technologies quantiques voient le jour à court terme ou non, il est peu probable que vous en ayez un usage personnel dans un futur proche. *A priori*, ces nouveaux outils seront vraisemblablement d'abord utilisés par l'armée, des scientifiques, des entreprises et des États pour résoudre des problèmes de calculs, d'optimisation et de sécurité qui leur sont propres, sans que vous ne vous en rendiez jamais compte. Alors, au fond, pourquoi s'en soucier ?

Certes, on pourrait penser que l'application imaginaire « QuantumBet » a plus de chances d'apparaître dans la série *Black Mirror* que dans la vraie vie, mais… elle existe déjà ! Baptisée « Universe Splitter », il s'agit d'un véritable assistant quantique à la prise de décision, qui reste (pour le moment) dans le domaine du ludique, sans franchir la frontière vers la forme de dépendance extrême décrite dans notre introduction dystopique. Bien que cette dernière soit excessivement pessimiste, elle pose néanmoins, comme de nombreux épisodes de *Black Mirror*, la question de notre rapport aux technologies ; rapport qui s'apparente, dans certains cas, à une aliénation. Que nous utilisions directement ou non ces technologies, si celles-ci sont vouées à redéfinir notre société, ne devrions-nous pas avoir le droit de les comprendre et d'exiger des scientifiques qu'ils dissipent l'opacité qui entoure ces sujets ? Sur la base d'une telle connaissance, nous pourrions peut-être aussi avoir notre mot à dire, en tant que citoyennes et citoyens, sur les stratégies de production, d'application et de déploiement de ces futures technologies.

Dans son ouvrage *Du mode d'existence des objets techniques* (1958), le philosophe de la technique Gilbert Simondon expliquait ainsi une forme d'aliénation à l'objet technique par la méconnaissance de son « mode d'existence », de son fonctionnement interne. Bien que cette ignorance émane parfois de la dissimulation des moyens de productions à des fins économiques et stratégiques, elle pourrait aussi être imputée au succès de la science. Le sociologue des sciences Bruno Latour définissait quant à lui la notion d'« opacification (*blackboxing*) » comme le processus par lequel le travail scientifique devient invisible du fait de sa propre efficacité. Lorsqu'une machine fonctionne parfaitement, nous aurions tendance à nous concentrer uniquement sur les données initiales qui entrent dans celles-ci et les résultats tangibles qui en sortent, sans tenir compte de sa complexité interne.

> « Ainsi, de manière paradoxale, plus la science et la technologie réussissent, plus elles deviennent opaques et obscures[6]. »

La « mise en boîte noire » des technologies nous plonge dans l'obscurité, source aussi bien d'envoûtement que d'enchantement. À la fin de l'incroyable *Orlando* (1928) de Virginia Woolf, la protagoniste subit un bond temporel et voyage de 1901 à 1928. Orlando est frappée par un développement technologique qu'elle ne parvient pas à comprendre rationnellement. « Au XVIIIe siècle, nous savions comment tout était fait, mais ici je m'élève dans les airs, j'écoute des voix en Amérique, je vois des hommes voler – mais comment est-ce fait ? Je ne peux même pas commencer à me le demander. Ainsi, ma croyance en la magie revient. »

Quatre décennies plus tard, Arthur C. Clarke, auteur de *2001 : L'Odyssée de l'espace*, formulera l'adage suivant :

> « Toute technologie suffisamment avancée est indiscernable de la magie[7]. »

L'usage magique des objets techniques n'a pas attendu la seconde révolution quantique. Peu d'entre nous ont une connaissance approfondie du fonctionnement de notre smartphone, cette boîte noire que nous utilisons dans notre quotidien comme point d'ancrage de notre vie sociale et comme extension de notre mémoire. Nous avons même intériorisé cet usage magique, de telle sorte que la ligne séparant l'outil de l'utilisateur semble parfois s'estomper, laissant place à un être hybride, humain et machine : un cyborg. L'essor de l'intelligence artificielle va sans doute continuer d'accentuer ce phénomène. Les nouveaux agents conversationnels comme ChatGPT semblent voués à être utilisés comme des oracles[8], des boîtes noires habitées par des « *démons* », compagnons invisibles souffleurs de réponses. Dans le cadre des nouvelles technologies quantiques, cet usage magique pourrait néanmoins prendre une tournure singulière.

Avant même d'être mise en boîte, la quantique semble dotée d'une aura magique. Les phénomènes quantiques sont très souvent présentés dans le champ lexical du mystère, de l'étrangeté et même, paradoxalement, du surnaturel. Il existerait un « *monde quantique* », différent du nôtre, peuplé d'entités aux comportements fantastiques et ineffables. Au fond, la quantique serait déjà une *boîte noire scientifique*. Le très célèbre physicien américain Richard Feynman, reconnu pour ses remarquables talents de pédagogue, commençait ainsi son cours de physique quantique par cette mise en garde :

> « Je pense pouvoir dire en toute sécurité que personne ne comprend la mécanique quantique. Ne prenez donc pas le cours trop au sérieux, en pensant devoir vraiment comprendre ce que je vais décrire en termes de modèle, mais détendez-vous et appréciez. Je vais vous dire comment la nature se comporte. Si vous acceptez simplement qu'elle se comporte peut-être de cette manière, vous la trouverez charmante, enchanteresse. Arrêtez de vous répéter, si vous pouvez l'éviter, "Mais comment peut-il en être ainsi ? ", car vous courrez à votre perte ; vous vous retrouverez dans une impasse d'où personne ne s'est échappé. Personne ne sait comment il peut en être ainsi. »

Mais attention. Évitons tout quiproquo. Les scientifiques savent parfaitement utiliser et étudier le langage mathématique de la théorie quantique. Elle est d'ailleurs, à ce jour, la théorie physique la plus efficace et la plus précise dont nous disposions. Toute personne ayant suivi un certain niveau d'études scientifiques – apprendre les bases de l'algèbre linéaire suffit – peut avoir accès à cette compréhension formelle. C'est lorsque l'on essaye de donner du sens au langage quantique, de traduire les phrases mathématiques en une histoire de ce qui s'est passé à l'intérieur de la boîte, que ça coince. « Superposition », « Intrication », « Contextualité », etc., autant de phénomènes occultes, résidents d'un monde qui se déroberaient à notre regard, où les chats seraient soi-disant « *à la fois* morts *et* vivants », les particules « *à la fois* onde *et* corpuscule » et pourraient « communiquer *plus vite que* la lumière ». À défaut d'exorciser ces « démons quantiques », ne pourrait-on pas les laisser dans leur boîte et tirer profit de leur pouvoir en les subjuguant ? Ainsi, à en croire le futurologue Michio Kaku, « ce qui donne tant de pouvoir aux ordinateurs quantiques [c'est qu'ils] ne calculent pas seulement dans un univers, mais dans un nombre infini d'univers parallèles[9]. »

Du purin quantique, encore une fois. Non, « l'ordinateur quantique » ne fonctionne pas en calculant dans des mondes parallèles. Non, « l'intrication quantique » ne permet pas de communiquer plus vite que la lumière. Et dire d'un objet physique qu'il peut être « à la fois onde et corpuscule en même temps », ça n'a – on ne va pas se le cacher – pas beaucoup de sens. Les nouvelles technologies quantiques tireront effectivement profit de nouvelles ressources non classiques, aux caractéristiques certes contre-intuitives, voire paradoxales, mais qu'il semble primordial d'exorciser. Alors, que faire ? Renoncer à toute forme de discours sérieux sur l'étrangeté et s'en tenir à un rigoureux pragmatisme, centré sur l'ingénierie et les applications technologiques ? Après tout, « personne ne comprend la mécanique quantique »...

L'usage abusif de cette phrase dans les introductions (vulgarisées et universitaires) à la physique quantique est pour le moins agaçant. Tantôt employée pour rassurer l'audience (« si vous ne comprenez rien, ne vous inquiétez pas, nous sommes tous dans le même cas »), ou pour faire sensation (« personne ne comprend rien, quel mystère ! »), elle sert surtout d'excuse à l'énonciateur : « Si vous ne comprenez rien à ce que je vous raconte, ce n'est pas ma faute. C'est la faute de la théorie elle-même. » Elle est aussi souvent utilisée pour justifier un certain abandon de recherche de compréhension en profondeur de la théorie.

« Oh zut, on ne comprend rien ! » se transforme en « Tais-toi et calcule ! » (phrase souvent utilisée pour décrire une approche centrée sur les retombées pratiques de la théorie quantique au détriment de sa compréhension[10]), et l'on se contente d'explications superficielles et abus de langage « à toutes fins pratiques[11] ». Il est effectivement important de démystifier les ressources quantiques, mais je ne pense pas que renoncer à parler de leur étrangeté soit la solution optimale. Si les scientifiques se résignent à abandonner la question du sens, d'autres combleront le vide et s'en empareront. Comme l'écrit le philosophe Alexei Grinbaum[12], le terme « quantique » suggère que quelque chose transcende radicalement le développement habituel des technologies traditionnelles. Il est crucial de clarifier cette différence fondamentale : ces futures technologies ne sont pas simplement nouvelles, elles sont profondément « quantiques » ; une appellation qui requiert une explication.

L'ambition de ce livre n'est donc pas de spéculer sur les technologies de demain ni de donner une présentation exhaustive de l'état de la recherche en matière de technologies quantiques. Son objectif principal est le suivant : éclairer le fond de la boîte quantique en invoquant ses « démons » et les exorciser en les regardant en face, pour mieux comprendre comment tirer profit de leur supposée « magie ». En fin de compte, vous servir de « *petit guide pratique de pseudo-démonologie quantique* ».

Pour ce faire, deux ingrédients me semblent nécessaires.

Tout d'abord, il nous faudra extraire la quantique de la machine, pour mieux saisir les phénomènes sur lesquels les futures technologies reposeront. Revenir aux fondements. Et pas n'importe lesquels. Les *fondements quantiques*. Ce terme me tient à cœur, car il désigne mon champ de recherche, qui vise à comprendre en quoi la théorie quantique est étrange. Il s'agit sans doute de la plus vieille branche de la physique quantique, puisque les fondateurs de la théorie n'ont cessé, tout au long de son élaboration, de s'interroger sur son sens. Il existe de multiples façons d'aborder ce type de questions fondamentales – étude des phénomènes quantiques contre-intuitifs, reformulation axiomatique de la structure mathématique de la théorie, travail interprétatif sur le formalisme – ce qui fait de cette spécialité un champ particulièrement interdisciplinaire, mêlant physique, mathématiques, informatique et philosophie. L'objectif de cette recherche est double : d'une part, mieux comprendre la théorie quantique pour pouvoir la dépasser – avoir par exemple une meilleure idée de la façon dont la quantique et la gravité pourraient être liées. D'autre part, mieux comprendre la quantique pour mieux l'utiliser – découvrir de nouvelles applications, notamment dans le domaine du traitement de l'information. Ce petit guide reposera sur divers résultats issus des fondements quantiques, offrant de nouvelles clés de compréhension des phénomènes moteurs des futures technologies.

L'exposition de la physique quantique à un large public n'est pas une mince affaire. La quantique fait appel à des concepts qui, dès que l'on tente de les représenter, bouleversent notre intuition et échappent à notre logique. La seule issue serait-elle donc de parler de quantique uniquement dans son langage mathématique mutique ? Il faut s'y résoudre : le recours aux métaphores semble inévitable. Le passage des équations mathématiques aux images du langage courant est toutefois semé d'embûches et ne se fait pas toujours sans dommages collatéraux. Il est facile de se perdre dans le brouillard des idées en cherchant à se libérer du poids de la complexité. User abusivement de métaphores, sans discernement ni précaution, c'est prendre le risque d'alimenter stéréotypes et jugements hâtifs, et de précipiter la réalisation d'horizons sinistres, similaires à notre dystopie introductive. Néanmoins, des solutions existent[13]. Ce petit guide tendra également à s'inscrire dans cette tradition en cherchant à *mettre la quantique en culture* à travers diverses références culturelles, populaires ou classiques, science-fictionnelles ou mythologiques, et mises en récit, afin de transmettre l'idée que « même si les technologies quantiques sont effectivement étranges, voire paradoxales, elles sont moins « d'un autre monde » que l'on aurait pu craindre. Elles ne sont ni divines ni démoniaques, car elles ont des parallèles dans la culture humaine et dans l'histoire des idées[14]. »

Vous vous apprêtez à entreprendre une expédition dans le « monde quantique », au cœur même de son étrangeté. Mais comment y entrer ? Et comment vous y préparer ? Si ce Prologue semble promettre une sorte de chasse aux démons quantiques, il est resté assez discret sur les modalités du voyage. La première étape (Chapitre 1) consistera donc à découvrir les outils de base nécessaires à votre périple, de la définition de la théorie quantique au fameux « qubit », en explorant ses origines atomiques et en plongeant progressivement dans les profondeurs abstraites de l'information quantique. Une fois que vous serez arrivé au fond du gouffre, au cœur des Enfers quantiques, la chasse aux démons pourra enfin commencer. Sept d'entre eux se dresseront sur notre chemin, chacun associé à un aspect étrange de la théorie quantique et définissant une étape de notre aventure : le démon de la superposition (Chapitre 2), du parallélisme (Chapitre 3) de l'interprétation (Chapitre 4), de l'intrication (Chapitre 5), de la non-localité (Chapitre 6), de la contextualité (Chapitre 7) et de la causalité indéterminée (Chapitre 8). Chaque début de chapitre s'ouvrira par une *invocation* (à prononcer à haute voix) pour convoquer le démon : une phrase concise qui lui est associée, parfois issue de la culture populaire. Malheureusement, ces invocations seront souvent des amalgames de métaphores et d'idées reçues utilisés en vulgarisation pour susciter l'intérêt, l'émerveillement et le mystère, au prix d'être obscures, ambiguës et obsolètes. Le chapitre dédié, qui relatera vos interactions avec le démon, s'efforcera de démêler et de déconstruire ces clichés réducteurs, en vous initiant aux *arcanes* nécessaires pour le comprendre et le maîtriser : d'où vient ce mystérieux phénomène quantique ? Est-il vraiment singulier et paradoxal ? À quoi peut-il bien servir ? Les réponses à ces questions seront résumées à la fin du chapitre dans un encadré, qui synthétisera ainsi les enseignements essentiels pour apprivoiser le paradoxe quantique invoqué et *exorciser* les stéréotypes qui l'entourent.

Les spécificités du voyage exposées, je vous invite maintenant à vous focaliser sur cet objet que vous tenez entre vos mains, sur le grain du papier qui contraste avec la plasticité de sa couverture, sur la texture de ces pages, sur leur matérialité. Vous comprenez que le monde étrange que nous nous apprêtons à explorer, c'est celui des atomes, des briques de matière élémentaires qui composent non seulement ces feuilles, mais aussi votre corps. C'est le monde de ce livre. Notre monde. Vous vous tenez sur son seuil, au bord du gouffre, vous laissant bercer par le vertige métaphysique. Avant de partir et de quitter nos confortables concepts classiques, détendez-vous. Respirez profondément. Préparez-vous à passer de l'autre côté du miroir, et à tourner la page.

En vous souhaitant bon voyage.

1

DESCENTE AUX « ENFERS QUANTIQUES »

Vous qui entrez ici, abandonnez toute espérance.
Dante, *L'Enfer*, Chant III (v. 1304-1307)

Comment pénétrer dans le monde quantique ? Il est communément admis que la quantique est l'apanage du tout petit. S'il était possible de rétrécir à l'échelle de l'atome (le milliardième de centimètre) et en dessous, nous entamerions un voyage digne de la « *catabase* », la descente aux Enfers des épopées grecques. Nous serions témoins d'un univers aux lois étranges, peuplé d'objets aux comportements et propriétés plus fantasques les uns que les autres. Des périples infernaux souterrains des héros grecs (Héraclès, Ulysse, Orphée) au voyage de Chihiro[1] en passant par les aventures d'Alice au pays des Merveilles (à la suite d'une chute dans un terrier de lapin puis d'un transfert *de l'autre côté du miroir*), notre culture regorge d'exemples de passages dans une réalité alternative. L'idée de « monde quantique » en est également une illustration bien ancrée ; en attestent par exemple les multiples références qu'y fait l'univers cinématique Marvel à travers le super-héros Ant-man. Le personnage dispose d'une technologie lui permettant de « devenir subatomique » et de pénétrer dans l'hostile « royaume quantique », une réalité dans laquelle les concepts de temps et d'espace deviennent sans importance, où tout est imprévisible. Un royaume quantique qui s'avère finalement être une pâle copie d'une planète à la Star Wars… Pourtant, si l'on écoute scientifiques et communicants, il y avait de quoi faire.

« Imaginez un monde dans lequel les choses peuvent être dans plusieurs endroits à la fois. Un monde où les objets peuvent se comporter en même temps comme une onde et comme une particule, et emprunter simultanément tous les chemins possibles. Un monde au sein duquel la nature d'un objet est toujours intrinsèquement ineffable. Un monde où le lien entre deux objets serait si fort, qu'il semblerait transcender les limites de l'espace et du temps. »

Voilà en substance comment journalistes et chercheurs nous présentent la physique quantique. Cette introduction s'accompagne généralement d'un avertissement : ce monde étrange serait finalement à part, aussi loin qu'il est proche de nous. Il semblerait que la taille compte : le monde quantique ne se manifesterait qu'à partir d'une certaine limite de grandeur, bien en dessous de celles que l'on observe dans notre quotidien. Vous ne ferez jamais face à ses fantaisies occultes, invisibles à nos yeux.

Deux mondes ?

De façon un peu plus abstraite, la théorie quantique fait souvent office de base théorique de la physique moderne qui décrit les propriétés et le comportement de la lumière et de la matière aux échelles atomique et subatomique. Et c'est évidemment loin d'être faux. Mais est-ce une définition vraiment satisfaisante ? La « magie quantique » pourrait-elle être réduite à une histoire d'échelle ? Y aurait-il vraiment deux mondes – un macroscopique, que nous habitons, et un monde quantique microscopique – qui seraient connectés l'un à l'autre par une passerelle secrète, cachée à l'échelle intermédiaire (dite mésoscopique) ? Rien n'est moins sûr.

En tout cas, rien n'indique dans les équations fondamentales de la théorie quantique qu'elles devraient exclusivement s'appliquer à cette échelle – très mal définie – de l'infiniment petit. Et les scientifiques ont, *en théorie*, tout à fait le droit d'appliquer ces équations à une collection d'atomes, de molécules, voire d'un amas organisé de molécules comme l'est une cellule. Et, si l'on pousse la logique un peu plus loin, rien n'interdit de les mettre en œuvre sur des structures complexes de cellules, comme un chat ou être humain.

Mais si une particule peut s'enorgueillir d'être, les cas échéants, dans deux états distincts *en même temps*, alors pourquoi (pour reprendre le célèbre exemple du chat de Schrödinger) votre chat ne pourrait-il être à la fois « mort et vivant » ? Et si un électron peut bel et bien traverser une barrière énergétique, pourquoi, lorsque vous essayez vraiment de traverser un mur, gagnez-vous un trajet direct chez le médecin pour ausculter votre traumatisme crânien au lieu de vous retrouver dans la pièce d'à côté[2] ?

Pourquoi ces impossibilités ? Même s'il est loin d'être certain qu'il existe une limite fondamentale entre objets classiques et objets quantiques, en fait, pour pouvoir être effective, la « magie quantique » a besoin de conditions extrêmes…, très extrêmes. Car elle est extrêmement fragile. La moindre interaction opportune risquerait de la propulser dans notre ennuyeux train-train quotidien, lui faisant perdre au passage toutes ses qualités[3]. Ant-man n'a en réalité pas besoin de rétrécir pour faire face aux étranges démons quantiques. Il lui suffit de s'isoler, de se couper complètement du monde extérieur, en s'enfermant par exemple dans une pièce vidée de toute matière, plongée dans un noir absolu, à une température avoisinant le froid absolu (soit – 273,15 °C tout de même), pour s'assurer que tout autre objet potentiellement restant dans la pièce soit extrêmement lent et ne risque pas d'entrer en contact avec lui. Et bien sûr, bonne chance à Ant-man pour garder un semblant d'unicité dans ces conditions : peut-on vraiment appeler « Ant-man » l'amas d'atomes isolés qui constituent Ant-man ?

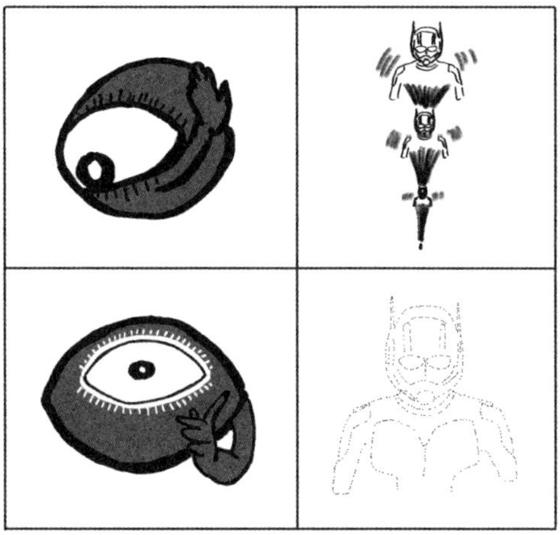

Il n'en reste pas moins que, lorsque l'on décortique plus précisément sa base mathématique, on constate rapidement que la théorie quantique ne dit rien de sa propre portée. Niels Bohr, un des pères fondateurs de la théorie dont les travaux sur la structure de l'atome bouleversèrent notre compréhension de la matière, se méfiait déjà de cette distinction d'échelles et préconisait plutôt de chercher la séparation entre physique classique (celle que nous expérimentons au quotidien) et physique quantique comme une différence de logique entre notre langage ordinaire et les expressions mathématiques du langage quantique.

Depuis les premières pages de ce livre, nous orbitons autour d'une question centrale, naviguant prudemment autour de son mystère. Il est désormais temps de nous y attaquer de front : qu'entend-on exactement par l'expression « théorie quantique » ? Elle est le foyer de nombreuses branches de ce qu'on nomme plus largement la physique quantique, laquelle englobe entre autres la physique atomique (étude de l'atome), la physique nucléaire (étude des noyaux atomiques), l'optique quantique (étude quantique de la lumière), et bien d'autres disciplines. Mais quid de la théorie elle-même, à la base de ces développements ? Quelle est son histoire ? Quelles sont ses premières applications ? Et d'où vient l'idée de la dématérialiser et de l'appliquer au concept abstrait d'information, amorçant l'idée d'une potentielle future révolution technologique ? Une approche historique ne dessine pas toujours le chemin le plus court pour expliquer des concepts, mais dans le cas de notre voyage de l'atome à l'information quantique, si. Je vous invite donc à nous téléporter à la fin du XIXe siècle, à une heure où deux nuages menacent d'obscurcir la clarté des connaissances scientifiques établies jusqu'alors.

De la théorie des quanta à la première révolution quantique

En cette fin du siècle des révolutions industrielles, une forme d'oisiveté frappe paradoxalement la science fondamentale. Certains scientifiques sont convaincus que les jeux sont faits et qu'il ne reste plus de grande découverte à faire : la physique est parvenue à expliquer tous les phénomènes de la Nature. Tous ? Non. D'après Lord Kelvin, père de la définition moderne de zéro absolu et de l'échelle de température qui porte son nom, deux « nuages » faisant ombrage à la beauté de la physique théorique restent à éclaircir. Le premier nuage, la question de l'existence de l'éther luminifère (hypothétique substance invisible dans laquelle la lumière se propagerait), sera résolu par Einstein et sa théorie de la relativité restreinte en 1905. Mais le nuage qui nous intéresse ici, c'est le second, dit « problème du corps noir » : les lois théoriques de la physique du XIXe siècle ne suffisent pas à expliquer les liens observés entre la température de la matière chauffée et la couleur du rayonnement qu'elle émet.

En 1900, Max Planck, physicien allemand, y apporta une solution en introduisant, « dans un acte de désespoir » (pour reprendre les propres mots du scientifique), une constante mathématique, la *constante de Planck*, indiquant que les échanges énergétiques entre matière et rayonnement ne se produiraient que pour des quantités bien spécifiques et très précises d'énergie. Cinq ans après, Einstein prend l'idée au sérieux et pose les bases d'une théorie décrivant l'interaction lumière-matière. C'est la naissance de la théorie des quanta, ancêtre de la théorie quantique moderne.

Propulsons-nous vingt ans plus tard. En juin 1925, Werner Heisenberg, un autre physicien allemand, allergique au pollen, s'est exilé sur l'île d'Helgoland en mer du Nord et y poursuit ses travaux sur la théorie des quanta. En s'opposant à l'usage qui consiste à s'élever au-delà des simples observations pour mieux tracer les grandes lois de la Nature, il effectue un véritable changement de paradigme en décidant de se focaliser uniquement sur les quantités physiques que l'on peut directement observer, les « observables », abandonnant l'idée de décrire les comportements des particules quantiques qui précèdent leur mesure, comme la trajectoire d'un électron au sein d'un atome. À la suite d'une présentation de cette théorie à l'Université de Berlin, Einstein, perturbé par l'approche de Heisenberg, lui objecta que ce renoncement serait dangereux. Malgré l'inquiétude de son aîné, Heisenberg ne renonça pas. Devenu assistant de Bohr en 1926, il continua d'appliquer sa théorie aux phénomènes atomiques. Il remarqua alors que, à la différence de la physique classique, sa nouvelle mécanique prédit que certaines paires de propriétés physiques, comme la position et la vitesse, sont mathématiquement incompatibles entre elles : en physique quantique, l'ordre des questions a une importance. Demander à une particule quantique « Quelle est ta position ? » puis « Quelle est ta vitesse ? » ne conduit pas à la même réponse si l'on mesure à l'inverse d'abord sa vitesse puis sa position. Pourquoi ? Parce que dans la nouvelle théorie, les grandeurs physiques ne sont plus représentées par de simples nombres, mais par des tableaux de nombres, appelées *matrices*, qui décrivent l'ensemble des valeurs possibles prises par les observables. C'est l'acte de naissance de la mécanique matricielle.

Quelques mois plus tard, Erwin Schrödinger, physicien autrichien, propose une alternative : la mécanique ondulatoire. Celle-ci décrit l'évolution d'une nouvelle notion très abstraite, la fonction d'onde, aussi connue sous le nom d'*état quantique*. Aujourd'hui, scientifiques et philosophes se cassent encore les dents au sujet de la signification de cet étrange objet mathématique (est-ce un objet réel ou bien un simple outil de calcul ?), sur lequel nous reviendrons plus en détail. Quoi qu'il en soit, à la fin des années 1920, on ignore si l'une des deux approches, celle de Heisenberg (la mécanique matricielle) ou celle de Schrödinger (la mécanique ondulatoire), sonde mieux les profondeurs du monde quantique. La question sera rapidement répondue : à cette même époque, deux bêtes de calculs, Paul Dirac et John von Neumann, réconcilient les deux versions alternatives dans un formalisme unique : c'est l'avènement de la théorie quantique moderne, la version encore enseignée et utilisée de nos jours.

Cependant, si Dirac et von Neumann ont réussi à définir l'ossature mathématique de la théorie, une question demeure : quel est son sens ? Que diraient les équations de la théorie quantique si elles pouvaient parler ? Le nuage du problème du corps noir s'est dissipé, mais il a laissé derrière lui une brume opaque : les Tables de la loi quantique.

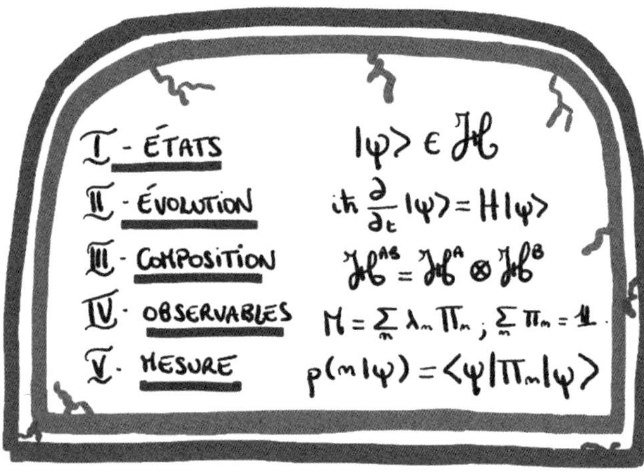

La théorie quantique, c'est cette recette de cinq règles mathématiques, qui, représentées ici sous leur forme brute, semblent tout à fait ineffables, mais qui, lorsqu'elles sont appliquées pour rendre compte des résultats de nos expériences sur la lumière et la matière, sont d'une précision extrême.

Même si la théorie quantique marque une véritable révolution conceptuelle, le monde académique va très vite s'en accommoder. Hormis un article en 1935 dans lequel Einstein essaye de démontrer que le travail sur les fondements de la théorie n'est pas achevé et que celle-ci est vraisemblablement *incomplète*, les travaux de Dirac et de von Neumann ne rencontrent pas vraiment d'opposition. La plupart des scientifiques sont satisfaits de l'édifice théorique établi et vont chercher à l'utiliser pour développer la physique des particules, ainsi qu'une première série de technologies reposant principalement sur la quantification de l'énergie et l'interaction lumière-matière. C'est la première révolution quantique, qui donna naissance à diverses technologies :

- les transistors (1947), de petits interrupteurs électroniques qui, reliés entre eux en circuits intégrés (1958), sont entre autres à la base du fonctionnement de votre ordinateur et de votre smartphone ;
- la résonance magnétique nucléaire ou RMN (1946). Rien de mystique ici : il s'agit d'une propriété que manifestent certains noyaux atomiques lorsqu'ils sont exposés à l'action conjointe d'ondes radio et d'un champ magnétique. L'imagerie par résonance magnétique (IRM, 1973), qui équipe les hôpitaux, en est l'application la plus connue ;
- les lasers (1960) et toutes leurs applications : holographie, lecture et enregistrement sur disque optique (CD, DVD), télécommunications via fibre optique, télédétection, refroidissement d'atomes, soudure, dermatologie, ophtalmologie, etc. ;
- et bien d'autres applications (comme la bombe atomique).

La quantique n'a donc pas attendu le XXIe siècle pour métamorphoser en profondeur notre société. L'ère du numérique est une des nombreuses conséquences du bouleversement majeur de notre compréhension de la matière apporté par la théorie quantique. On comprend mieux l'engouement de certains entrepreneurs et politiques : si les scientifiques annoncent l'avènement d'une seconde révolution quantique, ça promet !

« La Nature est quantique, sacrebleu ! »

Entre les années trente et les années soixante, hormis quelques remous, la recherche en fondements quantiques semble stagner. Mais quels remous ! Des travaux fondamentaux, provocateurs et dissidents[4], dont l'influence résonne encore aujourd'hui, et sur lesquels nous aurons l'occasion de revenir un peu plus tard. Mais l'élément déclencheur du sujet qui nous intéresse ici apparaît en 1964 : c'est le théorème de Bell, un résultat théorique qui montre que si les liens entre des résultats de mesures de deux observateurs complètement isolés l'un de l'autre dépassent un certain seuil, s'ils sont « trop » similaires, l'argument d'incomplétude d'Einstein ne tient pas la route[5]. Verdict ? Début des années quatre-vingt. Les expériences du physicien français Alain Aspect (qui lui vaudront le prix Nobel de physique 2022) et de son équipe vérifient les prédictions du théorème de Bell et mettent en évidence par la même occasion un étrange phénomène quantique : l'intrication, futur ciment de nombreuses applications dans le domaine des télécommunications, de la cryptographie et du calcul quantique. Cette avancée majeure va de pair avec d'autres prouesses technologiques permettant de produire, isoler et manipuler des particules quantiques individuelles, et de pouvoir ainsi générer et contrôler des phénomènes quantiques, là où la première révolution reposait essentiellement sur des effets quantiques de façon indirecte, produits à l'intérieur de systèmes à très grand nombre de particules.

Dans un même temps, l'idée d'une connexion entre physique et informatique émerge. En 1981, au cours d'une conférence sur le thème « La Physique de l'Informatique », Richard Feynman s'étonne que l'on cherche à simuler le comportement de systèmes quantiques complexes avec des ordinateurs classiques. Il s'exclame :

> « La Nature n'est pas classique, sacrebleu, et si vous voulez faire une simulation de la Nature, vous feriez mieux de faire en sorte qu'elle soit quantique, et juste ciel c'est un problème merveilleux parce que ça ne semble pas si facile[6]. »

Voilà les doux mots qui seraient à l'origine de l'ordinateur quantique. Bien sûr, comme la plupart des idées de génies, celle-ci est difficilement attribuable à une seule personne. Elle était dans l'air, produit des vapeurs des cerveaux en ébullition engagés dans le processus collectif qu'est la recherche scientifique[7].

Au lieu d'essayer de simuler le comportement des particules quantiques avec un ordinateur classique, qui fonctionne avec une logique et un langage classique, pourquoi ne pas en développer un quantique ? Cette idée bourgeonnante finira par éclore en 1985 dans l'imaginaire de David Deutsch[8], qui formalisa la notion d'ordinateur quantique, et qui suggéra qu'une telle machine pourrait avoir un avantage sur ses congénères classiques pour résoudre certains problèmes indépendants de la physique quantique. Le premier exemple d'un tel avantage avec un intérêt pratique sera découvert par Peter Shor en 1994. Et quel avantage ! Si l'algorithme de Shor est implémenté un jour, il pourrait mettre en péril la base de nombreux systèmes de protection cryptographique actuel, comme ceux utilisés pour vous authentifier lors de vos paiements par carte bancaire, ou pour vérifier l'identité du site web sur lequel vous naviguez[9]. Un dernier rebondissement (expliqué en Bibliographie (Chapitre 5, note 4)) achèvera de convaincre les plus sceptiques de la possibilité théorique d'un tel ordinateur. La folle course à l'ordinateur quantique est en marche.

Du « bit » au « qubit »

Parallèlement à la mise en évidence de l'intrication et à l'émergence progressive de l'idée d'un ordinateur quantique, de nombreux scientifiques[10] se sont penchés sur la question d'une généralisation quantique de la théorie de l'information de Claude Shannon[11], autre célèbre mathématicien américain qui formalisa l'étude de la quantification, du stockage et de la communication de l'information. Attardons-nous un instant sur ce concept fondamental.

Intuitivement et étymologiquement, derrière la notion d'information, il y a l'idée de mettre « en forme » une idée, une connaissance, un message, plus généralement des données. Cette information est véhiculée par l'intermédiaire d'un support physique, des signaux sonores, électroniques ou bien optiques. Mais, lorsque l'on s'intéresse aux fondements même de la communication, le contenu sémantique et le contenant physique du message importent peu. Aussi Shannon s'intéressa-t-il aux structures fondamentales et générales, à l'ossature mathématique qui régit tout type de transfert d'information. Il développa ainsi une théorie dans laquelle signification et support sont mis en boîtes noires, et où la quantité d'information d'un message, sa partie signifiante, dépend uniquement de sa probabilité d'advenir. Plus un message est rare et peu employé, plus il contient d'information. En revanche, si un message est d'usage très courant et utilisé fréquemment dans de nombreux contextes, sa probabilité est élevée, et il contient une faible quantité d'information.

Vous avez dit abstrait ? La notion d'information de Shannon évoque la fable d'Ésope *L'Enfant qui criait au loup*, qui raconte l'histoire d'un enfant s'amusant à de nombreuses reprises à faire croire à des villageois qu'un loup attaque ses troupeaux, jusqu'au jour où la bête est vraiment là, et personne ne lui vient en aide. La morale de l'histoire est bien entendu que « les menteurs ne gagnent qu'une chose, c'est de n'être pas crus, même lorsqu'ils disent la vérité », mais, indépendamment des notions de vérité et de mensonge, dans le cadre abstrait de l'information de Shannon, il semble possible de l'interpréter ainsi : en répétant à de nombreuses reprises la même phrase, l'enfant décontextualise et banalise son message, le dépouillant par conséquence de toute information signifiante. En criant sans cesse au loup, la probabilité de ce message devient élevée, réduisant ainsi la quantité d'information contenue dans ses proclamations. Dans une autre histoire, où les troupeaux seraient effectivement sans cesse attaqués par un loup, crier au loup apporterait également peu d'information pertinente.

Cette quantité d'information de Shannon a une unité de base (la quantité la plus petite), le fameux bit (contraction de *binary digit*), qui peut prendre deux valeurs, 0 ou 1. Si une amie tire à pile ou face puis vous indique le résultat de son tirage, elle vous transmet alors un bit d'information. Si votre smartphone dispose de 128 Go (gigaoctets) de stockage, il peut stocker jusqu'à mille milliards de bits d'information. Au cours du XIXe siècle, les premiers supports physiques de stockage d'information étaient des cartes et des rubans perforés, un trou correspondant à un bit de valeur 1, et l'absence de trou désignant la valeur 0. Plus tard, lorsque le courant électrique ou l'intensité lumineuse devinrent les véhicules de l'information, les bits furent encodés dans l'état d'un interrupteur : si celui-ci est fermé, le courant passe, la lumière est allumée (« *Jour !* ») et le bit prend la valeur 1 ; s'il est ouvert, le courant ne circule pas la lumière est éteinte (« *Nuit !* »), et le bit bascule à 0. Le dispositif électronique qui matérialise ce principe est le transistor, brique fondamentale de nos technologies numériques modernes. Ces valeurs du bit ont une interprétation directe en logique classique : lorsqu'une question fermée (qui attend comme réponse « oui » ou « non », ou un choix spécifique parmi deux options données) est posée, ou lorsque la vérité d'un énoncé est étudiée (« vrai » ou « faux »), les réponses sont généralement associées à un bit de valeur 1 ou 0.

Peu de temps après les développements de la théorie mathématique de l'information par Shannon à la fin des années 1940, une nouvelle question émergea dans l'esprit des scientifiques : dans un monde où la logique et la Nature ne sont pas classiques mais quantiques, ne pourrait-on pas étudier les liens entre communication et théorie quantique et définir des concepts d'information… quantiques ? Les premiers travaux[12] allant dans ce sens analysèrent des communications optiques (par la lumière) à travers le prisme de la théorie quantique. Des résultats posant les bases fondamentales d'une théorie de l'information quantique et ses premières applications se succédèrent ensuite[13, 14, 15], jusqu'à l'apparition de la notion de bit quantique, ou « qubit[16] », l'unité de base de l'information quantique.

Descente dans l'abstrait terrier de l'information

Ce bref panorama historique des fondements de la théorie de l'information quantique peut laisser pantois : bien que ces résultats posent les bases d'une nouvelle forme d'ingénierie, ne risque-t-on pas, en plongeant dans les strates les plus abyssales de l'abstraction, de perdre toute relation avec le monde réel ? Si l'on décharne la physique quantique de toute référence à la nature de la réalité et des objets qui la constituent pour n'en garder que l'ossature mathématique, que reste-t-il de la partie « physique » ?

Que l'on se rassure : elle n'est jamais très loin. Les arcanes de la théorie de l'information (quantique ou non) ont beau être d'une abstraction extrême, toute implémentation réelle et application de ses protocoles repose nécessairement sur un réceptacle physique. Tout logiciel (« software ») a besoin d'un objet physique (« hardware ») pour être exécuté. Dans le cas des qubits, toute propriété quantique à deux niveaux (pour le 0 et le 1) suffit. Un qubit peut par exemple être encodé dans les vibrations d'une particule (photon, électron, noyau, etc.), dans sa façon de réagir à un champ magnétique ou encore dans les divers chemins qu'elle peut emprunter. Il est toujours possible de redonner du sens aux abstraits schémas de l'information quantique en les ancrant dans le réel. S'ensuit une lecture objective du rapport de la physique quantique à la théorie de l'information. La mise en boîte noire ne serait que pragmatique et passagère ; la réalité serait fondamentalement constituée d'objets, que la physique chercherait à décrire indépendamment de tout usage et tout contrôle que l'on tenterait d'exercer sur elle. Le réel précéderait l'information.

Néanmoins, une autre lecture du lien entre théorie quantique et information est possible. Plutôt que de s'intéresser directement aux histoires rocambolesques des objets quantiques, la philosophie de la mise en boîte de noire de la théorie de l'information préfère interpréter les cinq règles mathématiques des Tables de la loi quantique comme une simple recette à suivre en laboratoire, afin de raconter l'histoire de notre interaction avec ces objets. Et si la théorie quantique, avant d'être une théorie physique, était essentiellement une théorie de l'information ? Et si un tel constat nous invitait à effectuer un véritable changement de paradigme ; à élargir notre définition de la physique, qui n'aurait plus pour vocation absolue de décrire le comportement de la Nature, mais qui consisterait d'abord à identifier et à comprendre ses structures relationnelles et informationnelles sous-jacentes ?

Dans le film culte *Matrix* des sœurs Wachowski (1999), une pluie de 0 et de 1 (de bits donc) est utilisée pour représenter la structure fondamentale de la réalité simulée, programmée par la Matrice. Elle évoque l'un des principaux thèmes philosophiques du film, l'allégorie de la Caverne[17] 2.0, qui interroge la nature de la réalité, la condition de l'accès au savoir, ainsi que la transmission de cette connaissance. Sans verser dans l'hypothèse (un peu rebattue) du « nous vivons dans une simulation », l'abstraction mathématique de la théorie quantique peut pousser les scientifiques dans de semblables retranchements, les amenant parfois à s'interroger sur le but d'une théorie scientifique, le statut de la science elle-même et la signification du mot « comprendre ».

Ce fut notamment le cas lorsque, après avoir formalisé sa mécanique matricielle, Heisenberg démontra que la précision avec laquelle les paires de propriétés physiques incompatibles – celles pour lesquelles l'ordre des questions importe – sont déterminées est limitée par une valeur fixe (la constante de Planck). Plus la réponse à la question « Quelle est ta position ? » est précise, plus celle à « Quelle est ta vitesse ? » sera incertaine, et inversement. C'est le fameux *principe d'indétermination*, qui souligne comment l'information transmise par tout objet quantique interrogé est fondamentalement limitée. Ce constat marque une rupture radicale avec notre compréhension classique du monde : il ne s'agit pas d'une limite technologique de nos instruments de mesure, mais bien d'une caractéristique fondamentale des objets quantiques[18, 19].

Des physiciens, tels que John Wheeler (notamment connu pour avoir popularisé le terme de « trou noir »), en conclurent que ce que nous avons l'habitude de considérer comme réel – les objets qui nous entourent, les particules qui les constituent, et même l'espace-temps – n'existe pas indépendamment des questions que nous leur posons[20]. Un détecteur ne détecte pas quelque chose qui était « déjà là », indépendamment de l'expérience de mesure, mais c'est bien l'acte de mesure qui est responsable de la détection. L'acte de poser des questions fait surgir les réponses[21]. Wheeler proposa ainsi la devise « *It from Bit* », l'idée selon laquelle « ce qui est » serait issu de processus informationnels, pour désigner cette tentative de solution à la question primordiale des fondements quantiques : « Pourquoi la quantique[22] ? »

La réalité émergerait d'une certaine notion d'information, et pas l'inverse… Pour paraphraser Niels Bohr, il n'y a peut-être pas de monde quantique. La physique ne concernerait pas la Nature en soi, mais seulement « ce que l'on peut dire de la Nature[23] ». Peut-être sommes-nous piégés par notre langage, limités par nos mots. Peut-être notre tâche se limite-t-elle seulement à communiquer nos expérimentations respectives du monde. Peut-être devons-nous comprendre « que nous ne pouvons nous servir du langage qu'à la manière des poètes qui, eux aussi, ne cherchent pas à représenter les faits de façon précise, mais seulement créer des images dans l'esprit de leur public, et à établir des connexions sur le plan des idées[24] ». Peut-être pas.

Indépendamment de toute prise de position philosophique, l'abîme creusé par le mutisme mathématique de la théorie quantique semble bien être le lieu de rencontre idéal de la physique et de la poésie.

***

Sans nous en rendre compte, nous voici parvenus au fond du gouffre de l'abstraction. Autour de nous, l'obscurité. Partout. Mais tout est en place. Vous connaissez maintenant les origines et le statut de la théorie quantique, et vous avez saisi l'angle d'attaque : il sera question d'information, de logique et de qubit. Les ténèbres sont parfois source de doutes et de vertiges. Un poème des *Contemplations* de Victor Hugo (1856) se révèle d'une résonance saisissante avec la situation présente :

« Ô gouffre ! L'âme plonge et rapporte le doute.
Nous entendons sur nous les heures, goutte à goutte,
Tomber comme l'eau sur les plombs ;
L'homme est brumeux, le monde est noir, le ciel est sombre ;
Les formes de la nuit vont et viennent dans l'ombre ;
Et nous, pâles, nous contemplons.

Nous contemplons l'obscur, l'inconnu, l'invisible.
Nous sondons le réel, l'idéal, le possible,
L'être, spectre toujours présent.
Nous regardons trembler l'ombre indéterminée.
Nous sommes accoudés sur notre destinée,
L'œil fixe et l'esprit frémissant. »

Soudain, une voix résonne. Elle vous somme de creuser. Au bout de quelques heures, vous finissez, enfin, par rencontrer un objet, que vous vous empressez de dégager. Il s'agit d'une mystérieuse boîte d'ébène portant l'inscription : « Pour Pandore. » En un instant, ces mots s'immiscent dans les tréfonds de votre être. Votre curiosité s'emballe. Et, sans attendre plus longtemps, vous relâchez, avec hâte, le contenu de la boîte. En un quantum de seconde, vous réalisez votre erreur. Mais il est déjà trop tard. Les démons quantiques – ces caractéristiques paradoxales et souvent mal comprises qui peuplent le monde quantique que sont la superposition, le parallélisme, l'interprétation, l'intrication, la non-localité, la contextualité et la causalité indéterminée – se sont échappés, laissant la boîte complètement vide. Vide ? Pas tout à fait. Vous connaissez l'histoire : terrée au fond, vous trouvez « l'Espérance ». Un exemplaire tout neuf de *De l'autre côté du miroir quantique*. Que la chasse aux démons commence.

« Nous épions des bruits dans ces vides funèbres ;
Nous écoutons le souffle, errant dans les ténèbres,
Dont frissonne l'obscurité ;

Et, par moments, perdus dans les nuits insondables,
Nous voyons s'éclairer de lueurs formidables
La vitre de l'éternité. »

Il est temps de confronter le premier phénomène étrange de notre périple. Vous voilà en mesure de décortiquer le qubit, cet étrange objet quantique qui arbore, lui aussi, l'aspect d'une boîte noire fondamentale. Vous invoquez, sans plus tarder, le démon de la superposition.

2

LE QUBIT, OU LE DÉMON DE LA SUPERPOSITION

« Comme Pandore », dis-je dans un faible murmure.
J'avais de la peine à me souvenir de la légende de Pandore.
Elle avait laissé tous les fléaux et les maux s'échapper de la boîte,
bien sûr, mais il y avait aussi autre chose. Après que tous
les démons eurent été lâchés, quelque chose d'assez différent,
d'assez inattendu, était resté. De quoi s'agissait-il ?
L'Espérance ? Un chat mort ? Je ne me souvenais plus.

Ursula Le Guin, *Le chat de Schrödinger*[1] (1988)

INVOCATION DU DÉMON DE LA SUPERPOSITION :

« Il est à la fois mort et vivant ! »

À chaque fois que le mot « quantique » apparaît, il semble inévitablement accompagné d'une image : celle d'une mystérieuse boîte, dans laquelle est enfermé un chat. Le pauvre félin a pour seule compagnie celle d'un étrange dispositif qui, s'il est activé, relâche un poison mettant instantanément fin à la vie de l'animal. Rien de particulièrement étrange jusque-là (hormis un attrait morbide pour la cruauté animale), mais il y a une subtilité : l'activation du dispositif dépend d'un qubit, une quantité d'information quantique portée par une particule, aussi appelée état quantique. Si la particule est dans un certain état « 0 », le dispositif reste inactif, et le chat reste vivant. Si elle est dans un autre état « 1 », le dispositif s'active, et le chat meurt. Or, il paraîtrait qu'en physique quantique, « une particule peut aussi être dans deux états à la fois… » Comme l'état de vie ou de mort du chat est parfaitement corrélé à celui de la particule, il en résulterait que, tant que vous n'ouvrez pas la boîte pour observer son contenu, « le chat est à la fois mort et vivant ». (Oui, c'est absurde. Mais nous y venons, pas d'inquiétude.)

Cette image, c'est la fameuse expérience de pensée du chat de Schrödinger. Elle fut énoncée pour la première fois par Erwin Schrödinger, un des fondateurs de la théorie quantique, dans une lettre à Albert Einstein, datée du 19 septembre 1935. Cette fiction scientifique avait pour principal objectif d'illustrer l'absurdité à laquelle pouvait conduire l'interprétation naïve de la théorie quantique, qui décrivait une réalité obscure, floue, voilée. Mais par un concours de circonstances (félines ?), la parabole est passée à la postériorité et est entrée dans le panthéon de la pop culture.

Le chat de Schrödinger est devenu la mascotte du paradoxe quantique, l'étendard d'un monde étrange, incompréhensible, qui échapperait à toute logique. Pain béni pour la science-fiction, il peut tout aussi bien être invoqué comme caution scientifique, simple clin d'œil discret ou encore incitation à l'audace : « Tout comme le chat de Schrödinger, une situation peut être à la fois bonne et mauvaise. C'est seulement en ouvrant la boîte que l'on découvrira sa nature. » Dans l'épisode « The Tangerine Factor » (saison 1, épisode 17) de la sitcom *The Big Bang Theory*, Sheldon Cooper utilise ainsi l'histoire du chat de Schrödinger comme analogie à la relation potentielle entre ses amis Leonard et Penny avant leur premier rendez-vous. Tant qu'il n'a pas eu lieu, ce rendez-vous pourrait être considéré comme une superposition de deux états mutuellement contradictoires (bon et mauvais), jusqu'à ce que la boîte soit ouverte…

Rarement présentée d'un point de vue scientifiquement correct, la bête fait aussi l'objet de marchandisage, du poster Wanted « Mort et vif » à la créature zombie vengeresse, mi-chat mi-squelette. La parabole est même entrée dans le langage courant : une situation est dite « de Schrödinger » quand elle renferme un oxymore absurde qui concilie deux opposés inconciliables. Par exemple, une « blague de Schrödinger » désigne un récit qui devient une blague ou non selon le bon vouloir de l'énonciateur, en fonction de la réception du public.

Bien sûr, l'expérience de pensée du chat de Schrödinger n'a jamais été réalisée *stricto sensu*. Aucun chat n'a été traité de la sorte, et, plus généralement, aucun objet physique n'a été transmuté dans cet étrange état zombiesque. En fait, l'interprétation de cette expérience de pensée dépend essentiellement de l'interprétation que l'on a de l'état quantique. La sentence souvent rabâchée, « une particule quantique peut être dans deux états à la fois », semble difficilement avoir du sens, même pour la physique quantique ! Il n'existe aucune situation au cours de laquelle on a observé une chose et son contraire, fort heureusement. « 0 » n'est toujours pas égal à « 1 ». Bien que la théorie quantique puisse nous inviter à réviser et à questionner notre logique classique, ses conséquences ne sont pas aussi dramatiques que la formule répétée machinalement pourrait le laisser croire.

En logique, lorsqu'une contradiction de cette nature surgit au détour d'un raisonnement, cela signifie tout simplement que l'un des présupposés initiaux doit être rejeté. Alors, qu'entend-on par (ou que devrait-on dire à la place de) « être dans deux états à la fois » ? Plutôt que d'en rester à cette idée de « flou paradoxal » que critiquait Schrödinger, penchons-nous sur l'acteur principal de cette histoire : l'état quantique lui-même.

La boîte de Pandore quantique

En physique classique, un état est avant tout un outil mathématique qui décrit toutes les réponses possibles à une question fermée, posée à un système physique en le mesurant. Imaginez par exemple que l'on vous confie une boîte fermée contenant un chat qui ne puisse arborer uniquement que deux robes, blanche ou noire (je sais, c'est absurde, mais cela facilitera notre cheminement). La question « Quelle est la couleur du chat, blanc ou noir ? » n'a alors que deux réponses possibles, deux phrases correspondantes aux deux états de couleur possibles et auxquelles on peut donc associer un bit d'information : « le chat est de couleur blanche » (bit de valeur 0) ou « le chat est de couleur noire » (bit de valeur 1). Pour connaître la bonne réponse, il vous suffit d'ouvrir la boîte et de vérifier la couleur du chat.

Un état quantique est l'exact analogue de cet outil mathématique lorsqu'une question fermée est posée à un système physique quantique. Dans ce cas, les réponses possibles ne suivent plus la logique classique, mais la logique quantique. Pour les différencier des phrases classiques, on représente ces phrases quantiques entre parenthèses* « $|\square\rangle$ », auxquelles sont associées les valeurs d'un qubit.

* Ces parenthèses sous forme de flèche brisée correspondent exactement au symbole utilisé par les scientifiques pour faire leurs calculs, la « notation de Dirac ». Elles ne seront ici qu'illustratives, servant uniquement à distinguer les phrases quantiques des phrases classiques.

Si l'on reprend l'exemple du chat en imaginant que son état de couleur puisse suivre les lois de la théorie quantique, les deux réponses standards précédentes, « le chat est de couleur blanche » ou « le chat est de couleur noire », ont pour analogue : $|$*blanc*$\rangle$ ou $|$*noir*$\rangle$. Il existe néanmoins un autre type de réponses particulières, quantiques, que nous allons découvrir dès maintenant.

Dans un souci de simplicité et d'abstraction, remplaçons le chat (blanc ou noir) par une balle (blanche ou noire). Pour produire un état, une phrase quantique, rien de plus simple : on commence par préparer une balle dans l'état $|$*blanc*$\rangle$ ou dans l'état $|$*noir*$\rangle$. Imaginez par exemple que nous disposions d'une boîte qui permette de créer, selon nos désirs, une balle dans un de ces états.

Il nous suffit de placer le curseur sur l'état voulu, et la balle de couleur choisie émergera de la « sortie » de l'appareil. L'étape suivante produira alors un type d'état quantique particulier : il n'y a plus qu'à envoyer cette balle dans une boîte… quantique.

Il s'agit bien évidemment d'une « vue d'artiste ». Dans les faits, la boîte quantique peut prendre diverses formes. Si les balles quantiques représentent par exemple des photons, les particules de lumière, la boîte quantique est très souvent un miroir semi-réfléchissant, capable de réfléchir la moitié de la lumière reçue et de transmettre l'autre moitié. Mais, par soucis de généralisation, gardons donc cette drôle de boîte.

La boîte quantique a pour fonction de transformer un état « standard » ($|blanc\rangle$ ou $|noir\rangle$), reçu en entrée, en un mystérieux état quantique particulier expulsé en sortie. Pour comprendre la différence entre l'état standard et ce nouveau type d'état quantique, il suffit donc de comprendre comment cette boîte quantique fonctionne. Mais il s'agit d'une « boîte noire » : comme la boîte de Pandore, il nous est interdit de l'ouvrir et de découvrir directement son mécanisme interne. Il ne nous reste plus qu'à utiliser la boîte et analyser sa fonction en situation.

Pour cela, on dispose d'un élément supplémentaire : une « boîte à mesure », qui peut recevoir en entrée tout type de balle. Elle ne possède pas de sortie en soi : effectuer une mesure met un terme à l'étude de la nature de la balle. En revanche, cette boîte produit de l'information classique, un bit, « 0 » pour « blanc » et « 1 » pour « noir ».

"Boîte à Mesure : |blanc⟩ ou |noir⟩ ?"

La première expérience-test d'étude du comportement de la boîte quantique est très simple : il suffit de connecter les boîtes de préparation et de mesure à la boîte quantique, de choisir un état de balle à préparer – par exemple |*blanc*⟩– et d'observer la réponse donnée par la mesure. Après avoir réalisé l'expérience une première fois, le résultat est « blanc ». Un seul essai ne suffit pas à caractériser la fonction de la boîte : il faut mener un test statistique, en répétant l'expérience de nombreuses fois. Second essai, « noir ». Troisième, « noir » encore. Quatrième, « blanc ». Après une centaine de répétitions, on constate qu'en moyenne les deux réponses classiques possibles semblent parfaitement aléatoires et équiprobables : nous obtenons autant de résultats « blanc » que de « noir ». La même expérience avec des balles préparées dans l'état |*noir*⟩ donne le même résultat : 50 % de chance d'obtenir la réponse « blanc », 50 % de chance d'obtenir la réponse « noir », de façon aléatoire.

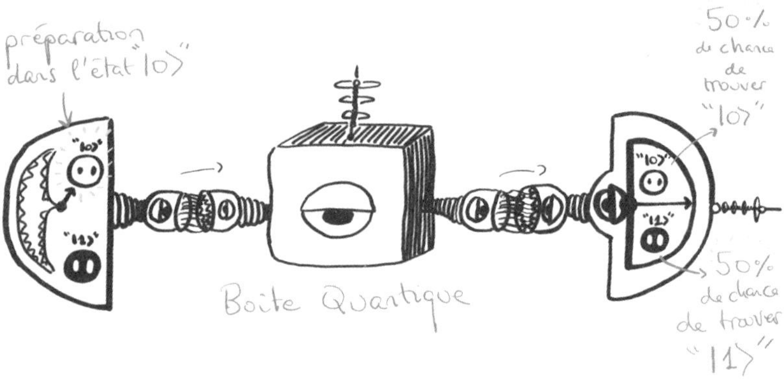

À la suite de ces observations, une seule hypothèse naturelle paraît possible : la boîte quantique ne serait pas aussi mystérieuse qu'elle en a l'air ; elle semble juste produire du hasard. Quel dispositif secret pourrait donc bien se cacher à l'intérieur d'une telle machine ? On pourrait par exemple imaginer qu'un mécanisme envoie la balle reçue à la poubelle ; tire à pile ou face avec une pièce de monnaie parfaitement équilibrée, et selon le résultat, éjecte en sortie une nouvelle balle, dans l'état « $|blanc\rangle$ » pour pile, « $|noir\rangle$ » pour face.

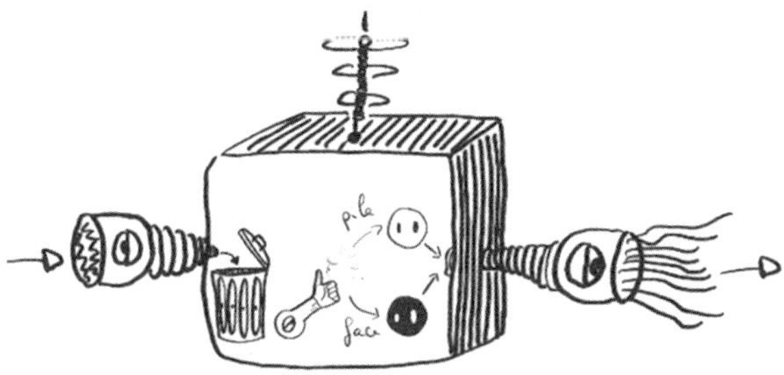

Du Hasard Classique à l'intérieur de la Boîte Quantique ?

Vérifier l'hypothèse retenue, selon laquelle la machine ne produit que de l'aléa classique, est un jeu d'enfant : faisons passer la balle initiale à travers non pas une mais deux boîtes quantiques, et le tour est joué. Les deux boîtes sont connectées l'une à la suite de l'autre, la sortie de la seconde étant reliée à l'entrée de la boîte de mesure. Si une boîte quantique ne produit au fond que du hasard classique, cette nouvelle expérience devrait donner les mêmes résultats que la précédente : la balle initiale devrait être jetée à la poubelle dans la première boîte, laquelle produirait aléatoirement une nouvelle balle blanche ou noire ; celle-ci serait à son tour jetée aux ordures dans la seconde boîte, qui produirait aléatoirement une nouvelle balle blanche ou noire.

Après une centaine d'essais dans cette configuration à deux boîtes, on observe toutefois quelque chose d'étrange.

Le résultat est toujours identique à la couleur de base. Si la balle est initialement préparée dans l'état |*blanc*⟩, la boîte de mesure répond, dans 100 % des cas, blanc. Si la balle est initialement préparée dans l'état |*noir*⟩, la boîte de mesure répond, dans 100 % des cas, noir. Incroyable ! Tout se passe comme si la seconde boîte a eu connaissance de la présence de la première boîte, et par conséquent a adapté son comportement pour qu'*in fine* la balle récupérée soit de la même couleur qu'à l'origine. Ces expériences ont été véritablement effectuées en laboratoire – avec des photons en guise de balles et des miroirs semi-réfléchissants dans le rôle des boîtes – et ont abouti aux mêmes résultats. Qu'en conclure ? Au moins que l'état quantique en sortie de la première boîte est bien plus atypique que le résultat d'un simple aléa.

Stupéfaction totale ! Après avoir vérifié que les deux boîtes fonctionnent correctement séparément, que reste-t-il à faire pour comprendre quel malin démon nous joue un tour ? Effectuons des séries d'expériences similaires, mais cette fois en observant ce qui se passe entre la sortie de la première boîte quantique et l'entrée de la seconde. Nous pourrions y trouver la cause de ce changement apparent de comportement : une communication secrète, un envoi d'information supplémentaire cachée, un nouveau type d'état jamais observé…

Or, les résultats de cet espionnage sont sans appel : la première boîte fonctionne tout à fait normalement (*i.e.* la balle a 50 % de chance d'être blanche, 50 % de chance d'être noire), mais cette fois le résultat final, en sortie de la seconde boîte, a changé : les balles retrouvent leur couleur complètement aléatoire ! Décidément, ces boîtes quantiques se payent notre tête. Que s'est-il passé ? Pourquoi soudainement le comportement étrange des boîtes a-t-il disparu simplement parce que nous sommes intervenus au cours du test ? Comme si jeter un léger coup d'œil (classique) à une production quantiquc conduisait inéluctablement à l'effondrement de ce qui la rendait spéciale…

Nos vérifications n'ont fait qu'empirer les choses. C'est à n'y rien comprendre. Rien ? Ne soyons pas si pessimistes. Au contraire, nous avons appris une chose cruciale : un état quantique, produit en sortie de la boîte quantique avant sa mesure, ne semble pas se comporter comme un état classique standard. Le hasard qui détermine la couleur de la balle quantique semble bien différent du hasard classique. Il n'a rien d'un simple tirage à pile ou face, ni ne résulte d'une naïve ignorance de notre part.

En sortie de boîte quantique, la balle n'est ni dans l'état $|$*blanc*$\rangle$, ni dans l'état $|$*noir*$\rangle$, ni dans un mélange aléatoire classique des deux. Pour décrire l'état quantique, les scientifiques utilisent simplement l'addition. Une boîte quantique transforme un état $|$*blanc*$\rangle$ en l'état $|$*blanc*$\rangle$ + $|$*noir*$\rangle$ [2]. Il ne s'agit pas d'une addition de valeur ou de couleur : $|$*blanc*$\rangle$ + $|$*noir*$\rangle$ n'est pas égal à $|$*gris*$\rangle$. C'est une addition d'états, de « phrases quantiques ». Et c'est là que repose la magie du langage de la théorie quantique : contrairement aux phrases classiques, les phrases quantiques peuvent s'additionner.

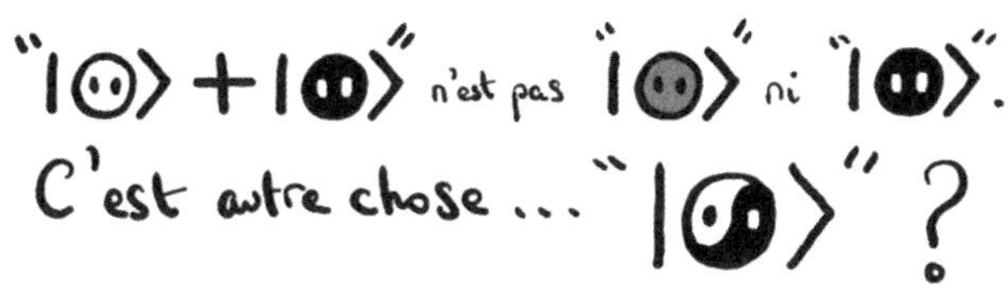

De même, une boîte quantique transforme un état $|$*noir*$\rangle$ en un état $|$*blanc*$\rangle$ – $|$*noir*$\rangle$. Ces additions (et soustractions) de phrases quantiques sont des superpositions quantiques des états $|$*blanc*$\rangle$ et $|$*noir*$\rangle$. Elles représentent le fameux qubit (*quantum bit*), l'unité d'information quantique sur laquelle repose l'activation (ou non) du dispositif dans l'expérience du chat de Schrödinger. Mais avant d'en revenir à notre chat, examinons comment une simple addition d'états permet de comprendre ce qui se passe avec nos boîtes quantiques. Bien que cela puisse sembler obscur (et soyons honnêtes, ça l'est), nous discuterons plus tard de la signification de ces phrases superposées. Pour le moment, plutôt que de nous attarder sur ce qu'implique concrètement l'addition (ou la soustraction) d'états, concentrons-nous d'abord sur la manière dont ces notations éclairent les résultats obtenus.

Reprenons. Au cours de notre première expérience, pendant laquelle on envoyait une balle préparée dans un état de couleur bien déterminé, par exemple |*blanc*⟩, à travers une seule boîte quantique, l'état produit en sortie de cette boîte était donc un « état superposé », |*blanc*⟩ + |*noir*⟩. Lorsque cet état quantique est interrogé par une mesure lui posant la question « |*blanc*⟩ ou |*noir*⟩ ? », on obtient |*blanc*⟩ dans 50 % des cas, et |*noir*⟩ dans 50 % des cas. Notre mesure, notre acte d'observation, a provoqué l'effondrement de l'addition d'états en une de ses deux composantes standards, |*blanc*⟩ ou |*noir*⟩, de manière aléatoire. Voilà l'explication formelle de l'insaisissable nature de la superposition quantique, qui s'évapore au moindre regard qu'on pose sur elle…

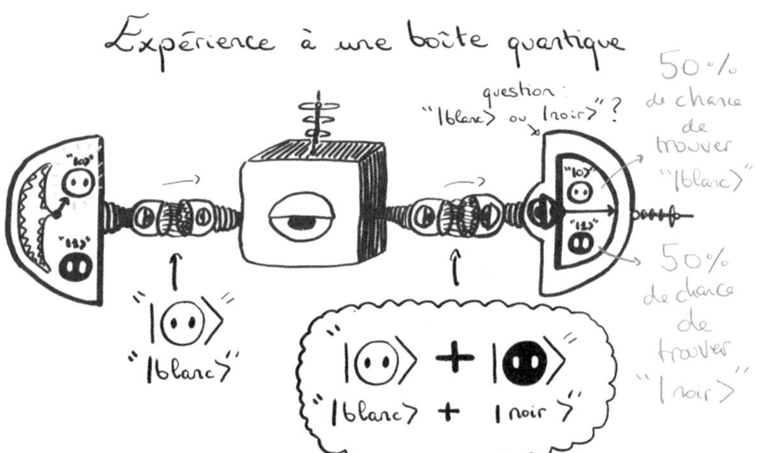

Cette triste « relation » n'est pas sans rappeler le mythe tragique d'Orphée, grand poète et musicien, et de son épouse Eurydice. Un jour, alors qu'Eurydice fuyait un agresseur, elle fut mordue par un serpent venimeux et mourut. Dévasté par sa perte, Orphée décida de descendre aux Enfers pour la ramener à la vie. Grâce à son talent musical, il put charmer les divinités infernales qui lui permirent de ramener Eurydice à la surface du monde, à condition qu'il ne se retourne pas pour la regarder avant qu'ils ne soient sortis des Enfers. Malheureusement, anxieux et incertain, Orphée se retourna avant d'avoir atteint la surface, et Eurydice disparut à jamais dans les ténèbres, laissant Orphée seul et désespéré. Ne sommes-nous donc pas, pauvres observateurs au regard « classique », condamnés à jouer le rôle d'Orphée, interdits de contempler Eurydice tant qu'elle n'est pas sortie du « royaume quantique », au risque de la perdre ?

REFLET POP'

Dans la série télévisée *Doctor Who*, les Anges pleureurs – créatures monstrueuses qui se figent via un « verrouillage quantique » sous la forme de statues séraphiques lorsqu'elles sont observées, et qui peuvent se mouvoir et attaquer lorsqu'elles échappent à notre regard – font vraisemblablement référence à la « malice » des particules quantiques.

Dans la configuration où l'on place une seconde boîte à la suite de la première, on peut interpréter le résultat observé – *i.e.* le fait que la réponse finale, après les deux boîtes, est toujours parfaitement identique à la couleur de la balle initiale – de la façon suivante : la première boîte produit un état $|blanc\rangle + |noir\rangle$, qui est ensuite envoyé dans la seconde boîte. Celle-ci va alors transformer chaque composante de cette addition d'états elles-mêmes en addition d'états, si bien que l'on obtient : $|blanc\rangle + |noir\rangle + |blanc\rangle - |noir\rangle$. Alors que la phrase $|blanc\rangle + |blanc\rangle$ revient à simplement dire $|blanc\rangle$, $|noir\rangle - |noir\rangle$ s'annulent, et disparaissent.

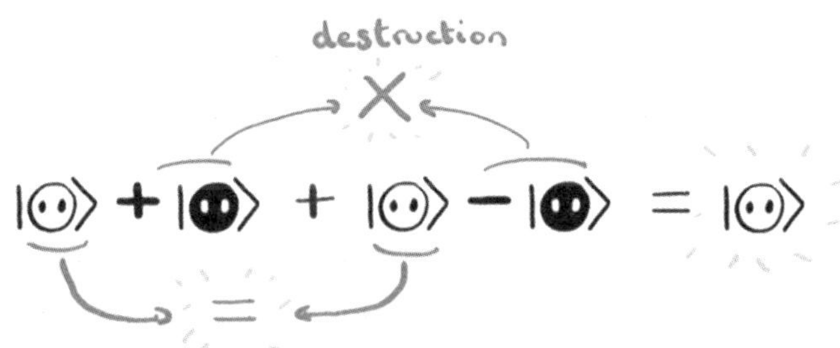

Les scientifiques appellent ce phénomène des « interférences destructives » : il ne reste plus que la phrase |*blanc*⟩. Il n'y a donc pas lieu de faire appel à des conspirations étranges entre les deux boîtes quantiques : elles ne communiquent pas secrètement entre elles et ne sont *a priori* pas habitées par de vilains démons moqueurs. Lorsque l'on comprend que chaque boîte transforme un état standard en une addition d'états, tout s'éclaire. Grâce à la notion d'état superposé, le fait que l'on observe toujours la balle dans le même état que celui du début de l'expérience s'explique parfaitement et est tout à fait logique !

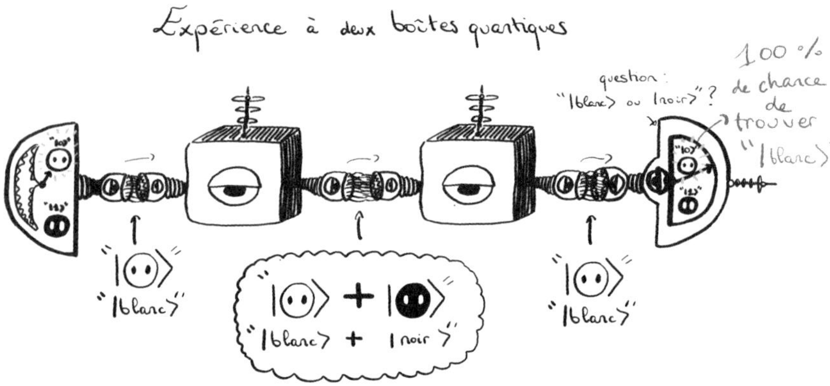

Il y a donc bien une logique derrière tout cela. Ce n'est ni magique, ni incompréhensible, ni absurde. Tout simplement, la logique sous-jacente n'est pas classique. Elle est autre chose… Elle est quantique ! Et les conséquences de cette découverte sont potentiellement majeures. Ouvrir la boîte de Pandore quantique, c'est laisser s'échapper tout ce qu'il y a d'étrange à l'intérieur. Mais rien ne nous oblige à regarder. Et si l'on faisait plutôt usage de ce que produit la boîte ? En particulier, si l'information n'est plus limitée à être encodée uniquement sur des 0 et des 1, mais peut aussi être autre chose, on pourrait s'attendre à ce que la physique quantique révolutionne les domaines basés sur la notion d'information comme l'informatique, la cryptologie ou encore les télécommunications. Qui dit nouvelle logique, dit hypothétiquement nouvelles technologies…

Vous comprenez à présent l'origine de l'expression « la particule quantique peut être dans deux états à la fois ». Il s'agit d'un abus de langage, où l'addition d'états, le « + », est interprétée comme un « ET », qui ne veut pas vraiment dire grand-chose.

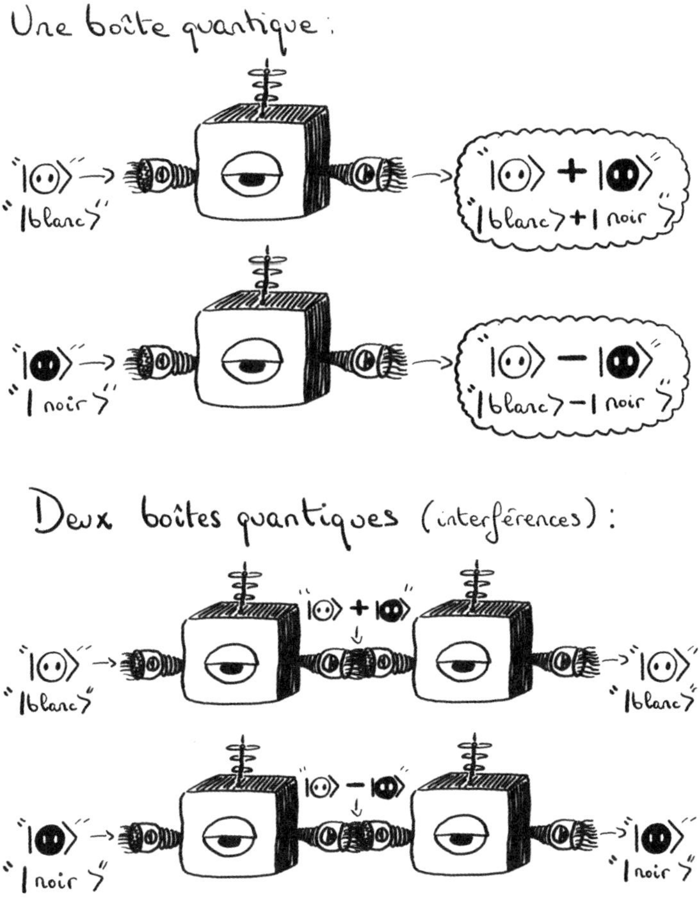

Au-delà de la dualité onde-corpuscule

Les résultats de ces expériences de superposition et d'interférences quantiques sont aussi victimes d'un autre abus interprétatif : l'idée qu'elles mettent en lumière le fait que les particules quantiques seraient « à la fois onde et corpuscule », idée que nous allons à présent déconstruire.

Considérons que les états |*blanc*⟩ et |*noir*⟩ correspondent à deux chemins différents (|*chemin* 0⟩ et |*chemin* 1⟩) que peut emprunter une particule quantique. Dans le cas de l'expérience à une boîte quantique, on obtiendra donc un état final |*chemin* 0⟩ ou |*chemin* 1⟩ de façon parfaitement aléatoire, résultat interprété comme preuve que les particules quantiques se comportent comme des corpuscules, des petites billes bien localisées empruntant au hasard un des deux chemins. En revanche, dans le cas d'une configuration à deux boîtes, des interférences ont lieu, et les particules sont *in fine* toujours détectées sur le même chemin[3]. Or, le phénomène d'interférences est typique d'un comportement ondulatoire. Jetez deux pierres dans un étang, et observez les ondulations créées à la surface de l'eau : à certains endroits, les crêtes d'une onde peuvent rencontrer les creux d'une onde voisine, conduisant alors à une destruction mutuelle. Il semble donc naturel de conclure que, dans ce type d'expériences, les particules quantiques se comportent… comme des ondes. La particule ne serait donc ni corpuscule ni onde, mais elle s'habillerait de la nature qui lui sied en fonction de la question qu'on lui pose (avec une ou deux boîtes), sans possibilité d'une description unifiée de ces deux aspects contradictoires. Cette prétendue transfiguration des particules sert généralement d'argument à l'idée qu'en physique quantique la réalité dépendrait de l'observateur, puisqu'il semblerait qu'un expérimentateur puisse « décider » de la nature d'une particule quantique simplement par sa façon de l'observer.

Ces énonciations sont des interprétations, plus ou moins crédibles, souvent exposées de façon hâtive et sans grande précaution. Une chose est certaine : une particule quantique n'est ni une onde, ni un corpuscule, et certainement pas « les deux à la fois », comme le sous-entend parfois l'expression « dualité onde-corpuscule ». Notre langage classique a vraisemblablement atteint ses limites. Face à ce constat, plusieurs solutions s'offrent à nous. Nous pourrions considérer que notre langage, nos images, nos représentations du monde, peut-être même notre logique devraient évoluer avec nos découvertes scientifiques. Ainsi, certains ont proposé d'inventer de nouveaux mots, comme « ondicule », afin de désigner la nature *a priori* paradoxale des particules quantiques.

On pourrait également pousser cette démarche plus loin, en acceptant de tirer un trait sur nos idées reçues. Peut-être devrions-nous reconnaître que concevoir une particule quantique comme une entité (un objet s'appuyant sur notre logique classique) constituerait un présupposé philosophique qui ferait barrage à l'avancement de la connaissance, et qu'il serait donc impossible de parler des caractéristiques des objets quantiques indépendamment de la possibilité de les observer.

Cette position radicale fait écho à une autre solution, plus tempérée : celle d'accepter à bras ouverts la trahison des images. C'est l'approche défendue à l'époque par Niels Bohr, qui n'interprétait pas ces expériences comme la preuve d'une dualité entre natures corpusculaire et ondulatoire, mais qui préférait y voir le témoignage de la limite des images classiques de « corpuscule » et d'« onde » et une démonstration de leur complémentarité. Au lieu de chercher à adapter notre langage à l'étrange logique de la théorie quantique, cette approche invite à changer notre façon d'appréhender la physique. Nous pourrions rester agnostiques, suspendre temporairement notre jugement sur la nature de ce qui se déroule au cours de l'expérience, et simplement exiger une forme de cohérence logique du résultat de nos expérimentations. Or, cette harmonie interne, la théorie quantique la possède très précisément.

Il existe ainsi différentes façons d'appréhender, interpréter et comprendre le phénomène se cachant derrière les phrases « une particule quantique peut être dans deux états à la fois… » et « une particule quantique est à la fois onde et corpuscule. » Celles-ci reposent sur des choix épistémologiques (philosophie de la connaissance), métaphysiques (philosophie de l'existence) ou encore esthétiques (philosophie de la beauté). En fonction de ces choix, on donnera un sens particulier à cette fameuse addition d'états quantiques.

REFLET POP'

Dans la continuité de cette reconnaissance de la trahison des images, Bohr compare l'activité de recherche en physique quantique à celle d'un « peintre [qui] utilise ses pinceaux et ses couleurs. Le pinceau et la couleur ne suffisent certainement pas à déterminer l'image, et la couleur ne constitue jamais la réalité ; mais si, tout comme l'artiste, on a l'image présente à l'esprit, on peut se servir du pinceau et de la couleur – peut-être seulement de façon imparfaite – pour la rendre visible aux autres » (Bibliographie, Chapitre 1, Note 24). Cette analogie et ses réflexions sur le rapport entre réalité et langage résonnent harmonieusement avec les études du philosophe Ludwig Wittgenstein

et l'œuvre d'un artiste de son époque : le peintre surréaliste René Magritte, créateur du célèbre tableau *La trahison des images* (1929) (alias « *Ceci n'est pas une pipe* »). Dans un texte illustré intitulé *Les mots et les images*, véritable clé de lecture de son œuvre, il énonce divers types de relations envisageables entre un objet, sa représentation et son appellation.
« Un objet ne fait jamais le même office que son nom ou son image. »

Existence ou Connaissance ?

Un des multiples enjeux de la discipline des fondements quantiques est d'interpréter le sens de cette addition d'états quantiques. Que désigne-t-on vraiment par ces phrases quantiques, et comment interpréter l'addition de deux d'entre elles ? Y a-t-il vraiment une signification à donner à ces expressions ? Si oui, laquelle ?

L'une des issues pour se sortir de ce gouffre sémantique est d'imaginer qu'une phrase quantique désigne un état de réalité, un objet réel, physique. C'est le cas par exemple dans l'interprétation dite de De Broglie-Bohm (deux grands noms de la physique quantique), dans laquelle une addition de phrases quantiques décrit la réalité, quelque chose qui existerait vraiment, mais de façon incomplète : elle correspondrait à une onde pilote, qui guiderait une sorte de particule représentée par une variable supplémentaire et inaccessible complétant les informations manquantes. Nous pourrions imaginer cette variable cachée comme une petite bille secrète, responsable de l'aspect corpusculaire de la particule, surfant sur l'onde à l'origine des phénomènes d'interférences observés.

Si l'image fonctionne dans le cas d'une particule unique, elle devient en revanche complètement obsolète à partir de deux particules… Nous y reviendrons au Chapitre 6.

Une autre approche serait de considérer que l'état quantique n'est pas directement associé à une réalité objective et indépendante de nos mesures, mais qu'il serait un état de connaissance incomplet de cette réalité qui demeurerait partiellement cachée. En 2004, le physicien canadien Robert Spekkens proposa une théorie simplifiée[4] capable de reproduire un grand nombre de phénomènes quantiques considérés comme étranges (la liste est longue : superposition, interférences, intrication, téléportation, non-clonage, et bien d'autres) en se basant sur un principe très simple : au mieux, « *je sais que je sais autant que je ne sais pas* ». Comment ce seul principe de restriction de connaissance parvient-il à mimer le démon de la superposition et les interférences quantiques ?

La théorie simplifiée suppose que l'indétermination quantique est simplement due à une telle forme de restriction primordiale qui nous empêcherait de connaître l'état réel (supposément prédéterminé) des choses, lequel nous serait donc en partie inaccessible. Dans l'expérience des boîtes quantiques, cet état de réalité caché, indépendant de notre mesure, dicte les réponses données à nos questions pour les deux configurations expérimentales, avec une seule ou deux boîtes quantiques. Remarquez qu'il n'est effectivement jamais entièrement accessible : chaque expérience effectuée peut contenir une seule ou deux boîtes quantiques, mais pas les deux en même temps ! Chaque question donnera donc, au mieux, une information sur la moitié de l'état de réalité sondé, associé à la configuration expérimentale considérée. L'autre moitié de l'état de réalité, liée à la configuration non réalisée, restera dissimulée, laissant la connaissance que nous en avons en « superposition ».

Pour les plus téméraires d'entre vous, les paragraphes suivants donnent davantage de détails sur la réalisation du phénomène d'interférences dans la théorie simplifiée à travers un jeu de bille cachée sous des gobelets. Autrement, retrouvons-nous à la suite du symbole (*).

Dessinons une grille de quatre gobelets opaques, comme dans un jeu du bonneteau. L'état de réalité caché est représenté par une bille placée sous l'un de ces gobelets : si vous savez qu'elle se cache sous un des gobelets de la première ligne, votre état de connaissance est $|\mathit{blanc}\rangle$: autrement dit, vous savez qu'à la suite d'une expérience à deux boîtes la réalité est telle que vous obtiendrez toujours une bille blanche. De même, si vous savez que la bille se cache dans la seconde ligne, votre état de connaissance est $|\mathit{noir}\rangle$ (après une expérience à deux boîtes, vous obtiendrez toujours une bille noire). La première colonne est associée à $|\mathit{blanc}\rangle + |\mathit{noir}\rangle$: vous savez que la réalité est telle que vous obtiendrez toujours une bille blanche à la suite d'une expérience à une boîte ; la seconde colonne correspond quant à elle à $|\mathit{blanc}\rangle - |\mathit{noir}\rangle$ (après une expérience à une boîte, vous obtiendrez toujours une bille noire). Bien sûr, vous ignorez où se trouve la bille, et il vous est interdit de soulever les gobelets pour la trouver. Rappelez-vous : ici, l'état quantique (ou plutôt, son analogue) est seulement l'état de connaissance de l'observateur qui ne peut jamais avoir un accès total à la réalité. Au mieux, il peut connaître parfaitement la réponse à une seule des configurations de l'expérience (une seule boîte ou deux boîtes), mais jamais les deux à la fois. Au mieux, il peut connaître la colonne ou la ligne du gobelet sous lequel se cache la bille, mais jamais les deux à la fois.

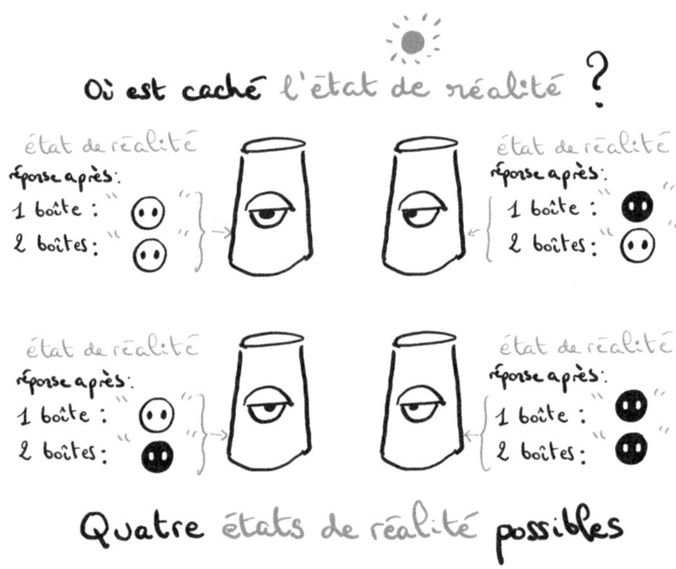

Cette théorie simplifiée a une manière tout aussi enfantine de représenter les mesures, qui consiste simplement à un mélange adéquat des gobelets. Ainsi, poser la question « blanc ou noir » dans une expérience à une boîte consiste simplement à mélanger les gobelets de chaque colonne entre eux ; tandis que poser cette question dans une expérience à deux boîtes revient à mélanger les gobelets de chaque ligne…

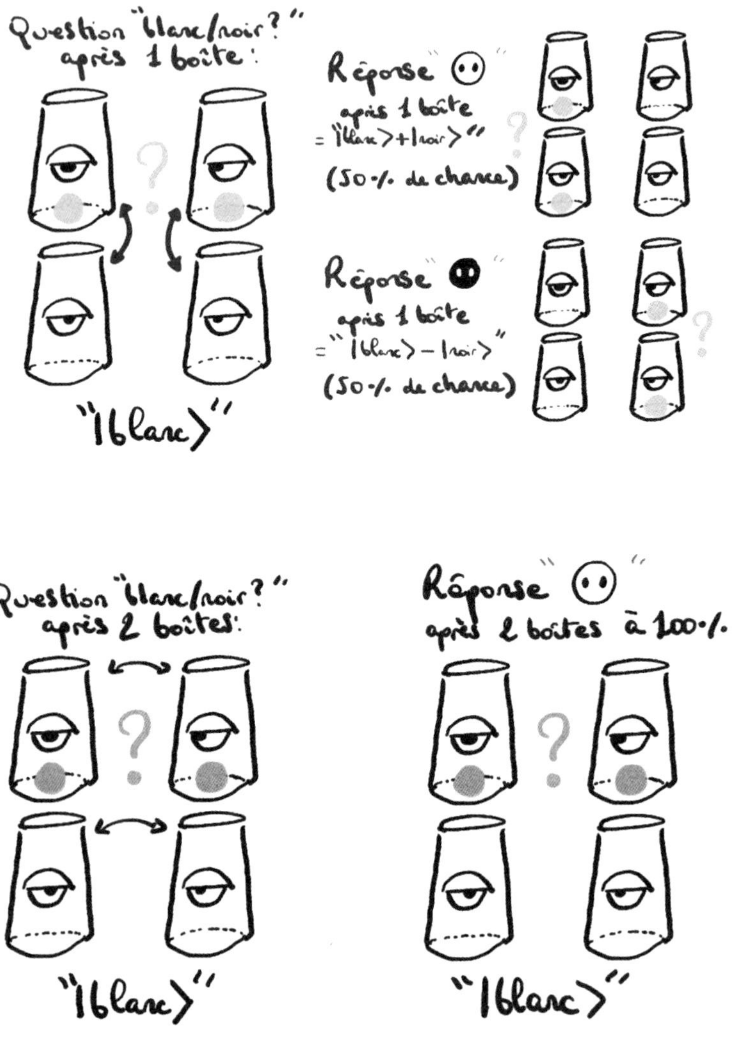

Ces simples règles suffisent à reproduire parfaitement les prédictions de la théorie quantique dans le cadre d'une expérience d'interférences !

(*) Et si, finalement, la superposition quantique n'était pas si étrange ? Les expériences d'interférences quantiques sont très souvent présentées comme la quintessence de l'étrangeté quantique, « un phénomène qu'il est impossible, absolument impossible d'expliquer de n'importe quelle manière classique », et qui contiendrait « le seul mystère » de la théorie, comme l'écrivait Feynman dans ses cours de physique. La théorie simplifiée de Spekkens va à l'encontre de ces préjugés : elle démontre que la superposition, les interférences d'états et de nombreux autres phénomènes contre-intuitifs ne sont pas exclusivement quantiques, mais qu'ils peuvent être imités dans un cadre quasi classique, reposant simplement sur une limitation fondamentale de la quantité d'information que l'on peut extraire de la réalité. Il suffit d'adopter l'hypothèse d'un équilibre entre connaissance et ignorance pour les comprendre[5]. En revanche, des phénomènes quantiques non imitables par ce modèle, que nous rencontrerons plus loin, apparaîtront comme bien plus étranges.

***

La première étape de notre périple s'achève. Nous voilà enfin en état d'exorciser le démon de la superposition.

Toutefois, l'élucidation de ses mystères soulève de nouvelles préoccupations. Une petite voix pragmatique qui sommeille en vous commence sans doute à s'impatienter : la superposition, les interférences quantiques, l'interprétation du « + », c'est bien joli, mais ça sert à quoi ?

EXORCISME DU DÉMON DE LA SUPERPOSITION

Que se cache-t-il derrière l'invocation magique abusive « une particule peut être dans deux états *à la fois* » ?

- La superposition quantique, $|0\rangle + |1\rangle$, n'est pas du hasard classique (« 0 ou 1 »). Elle n'est pas non plus un « en même temps » ou un « à la fois » absurde (« 0 et 1 »). C'est une « addition de phrases quantiques ».
- Alors que la logique classique repose sur des bits, 0 ou 1, la logique quantique dispose d'un autre type d'information, quantique. Un qubit, une phrase quantique, peut tout aussi bien représenter une phrase standard $|0\rangle$ ou $|1\rangle$ qu'une addition de celles-ci. Si les bits sont à la base de l'informatique classique, les qubits sont les briques fondamentales de l'informatique quantique.
- Interpréter la nature de ces « phrases quantiques » et de leur addition est un des grands enjeux des fondements quantiques. S'agit-il d'un simple outil mathématique abstrait, d'une description directe de la réalité ou d'un état de connaissance de celle-ci ? Dans ce dernier cas, il est possible de reproduire les résultats de la superposition avec une théorie classique très simple dans laquelle on ne peut jamais savoir plus que ce que l'on ignore. Ce résultat laisse entendre que la superposition n'est pas nécessairement la ressource la plus étrange du conservatoire de mystères de la théorie quantique…

3

L'ORDINATEUR QUANTIQUE, OU LE DÉMON DU PARALLÉLISME

« N'aspire pas, ô mon âme, à la vie éternelle
mais épuise le champ du possible. »
Pindare, *Pythique III*

INVOCATION DU DÉMON DU PARALLÉLISME :

« Il calcule dans un nombre infini de mondes parallèles ! »

Indépendamment du sens qu'on leur donne, la logique des phrases quantiques – des qubits – est bien différente de notre logique classique. Les scientifiques ont donc naturellement considéré que cette différence pouvait être utile dans les domaines d'application de la théorie des langages et de l'information, comme l'informatique, développant ainsi l'idée d'une machine à calculer sur la base de cette nouvelle logique : l'ordinateur quantique, devenu aujourd'hui le sujet de nombreuses spéculations.

On entend ainsi parfois dire qu'un ordinateur quantique tirerait sa force du fait qu'il ne calculerait pas uniquement dans notre monde, mais dans une infinité de mondes parallèles. C'est par exemple ce qu'a récemment affirmé Hartmut Neven, fondateur et leader de Google Quantum AI, qui proclame, dans un rapport de décembre 2024, que les performances de leur dernière puce quantique, Willow, « donne du crédit à l'existence d'un multivers quantique[1] ». Est-ce vraiment le cas ? Et d'où vient d'ailleurs cette idée de « mondes parallèles » quantiques, à l'origine d'une multitude de fictions ? L'exorcisme du démon de la superposition n'est vraisemblablement pas totalement achevé. Le mystère est coriace, et il a pris une nouvelle apparence : celle du démon du parallélisme.

Calculer dans des mondes parallèles ?

Princeton, 1957. Le jeune Hugh Everett publie enfin ses travaux de thèse, sous le titre « Formulation de l'état relatif de la théorie quantique[2] ». Il y développe une interprétation de la théorie quantique pour le moins radicale : selon lui, la théorie décrit un seul et unique objet fondamental, la fonction d'onde de l'Univers. L'idée est d'une grande simplicité : prenez les Tables de la loi quantique, supprimez les règles

« Observables » et « Mesure », et voilà ! Vous obtenez la « théorie quantique everettienne ». Everett semble avoir réalisé l'impossible : voici une version de la théorie quantique entièrement déterministe, dépouillée de toute référence à la notion d'observation !

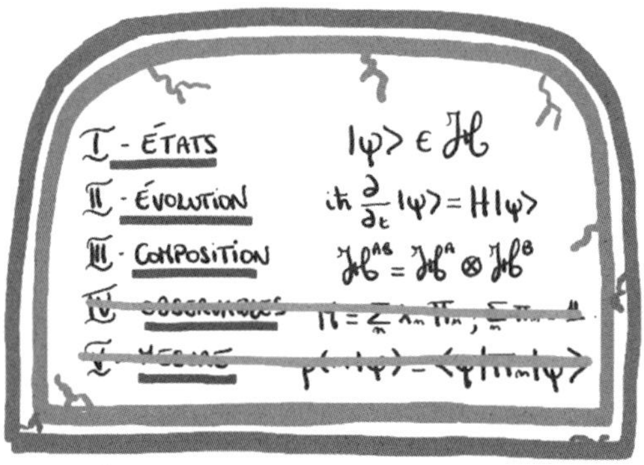

Les Tables de la Loi Quantique d'Everett.

Mais quelque chose cloche. Si la théorie quantique décrit fondamentalement l'état quantique superposé de l'Univers, alors pourquoi faisons-nous seulement l'expérience d'un monde macroscopique (composés d'étoiles, de villes, d'habitants, etc.) unique ? La solution des adeptes d'Everett est la suivante : il existe bien un unique univers quantique, fondamental, mais, au cours de son évolution, celui-ci se ramifie en différentes branches distinctes, structures macroscopiques émergentes, secondaires, non fondamentales. (Ces « mondes » ne sont donc ni une hypothèse fondamentale, ni des univers créés *ex nihilo*.) Autrement dit, nous ne faisons pas l'expérience de la superposition de l'Univers, car nous habitons un seul de ses mondes : nous évoluons le long d'une seule branche d'Univers, tandis que ses autres ramifications sont occupées par nos « copies ». L'interprétation d'Everett est ainsi souvent qualifiée de « théorie des mondes multiples[3] », source de nombreux fantasmes, aussi bien chez les scientifiques qu'en science-fiction.

Dans cette interprétation, la phrase quantique $|blanc\rangle + |noir\rangle$ décrit entièrement quelque chose de réel : chaque composante correspond à une branche, à un monde distinct. Posez la question « La balle est-elle dans l'état |*blanc*⟩ ou |*noir*⟩ ? » à une balle dans l'état |*blanc*⟩ + |*noir*⟩, elle répondra |*blanc*⟩ à la copie de vous-même vivant dans le monde où la balle est blanche, et elle répondra |*noir*⟩ à la copie de vous-même vivant dans le monde où la balle est noire. D'où la question suivante : la superposition serait-elle la preuve de l'existence d'une multitude de mondes parallèles ?

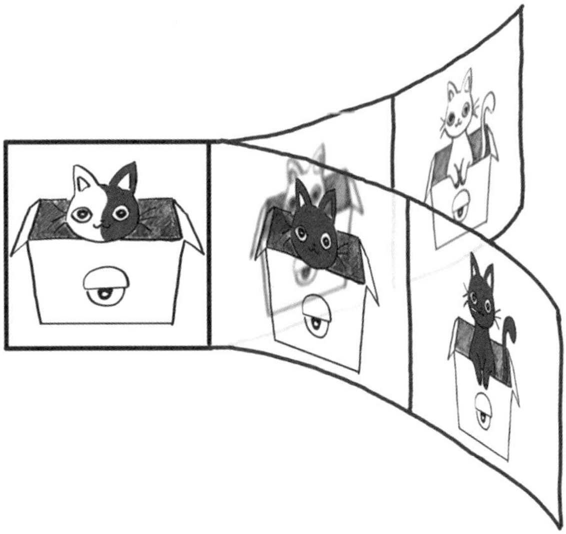

Bien évidemment, non. La théorie des mondes multiples n'est qu'une interprétation parmi un florilège d'autres, et rien n'indique à l'heure actuelle qu'elle serait globalement supérieure aux autres. Néanmoins, il serait faux de déclarer que cette dernière n'a exercé aucune influence sur l'histoire de l'informatique quantique.

Dans son article fondateur de 1985 qui formalise la notion d'ordinateur quantique, David Deutsch écrit lui-même que « la théorie quantique est une théorie d'univers parallèles interférant entre eux ». Son travail est ainsi présenté dans le cadre d'une forme d'interprétation d'Everett et prétend que la construction d'un ordinateur quantique permettrait de trancher expérimentalement entre la théorie des mondes multiples et les alternatives. Il est formel : l'ordinateur quantique opérerait sur des mondes parallèles ; si bien qu'il désigne sous le nom de « parallélisme quantique » la méthode qui permettrait à la machine fantasmée d'effectuer certaines tâches bien plus rapidement qu'un ordinateur classique.

Le terme trompeur de parallélisme a prospéré, et c'est malheureusement ainsi que le fonctionnement de l'ordinateur quantique est la plupart du temps présenté. « Malheureusement », car un ordinateur quantique n'a aucunement besoin d'être décrit dans le cadre de l'interprétation d'Everett[4] ; et il n'a rien à voir avec un superordinateur qui effectuerait plusieurs calculs « en même temps ».

L'exemple suivant en est une parfaite démonstration : imaginez qu'un « savant fou », inspiré par l'expérience de pensée de Schrödinger, ait décidé de la mettre en place à grande échelle en plaçant quarante-deux chatons dans des coffres respectivement numérotés de 1 à 42. Chaque coffre contient un dispositif qui, une fois déclenché, diffusera un gaz toxique qui tuera le pauvre félin. Pour ouvrir le coffre avant que le poison ne soit relâché, vous devez entrer un code, qui correspond à 42 élevé à la puissance du numéro correspondant du coffre : pour le coffre 1, vous devez calculer 42^1, pour le coffre 2, 42^2, …, pour le coffre 42, 42^{42}. Comment effectuer aussi vite que possible ces quarante-deux calculs ?

Ayant lu sur Internet que l'ordinateur quantique pouvait effectuer plusieurs calculs en parallèle, votre choix se porte (naïvement) sur lui. L'idée semble assez simple : au lieu de calculer une à une chaque puissance de 42 avec une calculatrice classique, vous envoyez une superposition de quarante-deux états quantiques correspondants aux nombres de 1 à 42 dans un calculateur quantique dont la fonction est d'effectuer le calcul voulu (par exemple le terme $|1\rangle$ de l'état superposé se transforme en $|42^1\rangle$, $|2\rangle$ en $|42^2\rangle$, etc.) ; si bien qu'à la fin du calcul, votre ordinateur quantique produira une superposition des quarante-deux puissances de 42. Toutes les solutions que vous cherchez sont donc incorporées dans un état superposé. Il ne vous reste plus qu'à lire le résultat… et le « parallélisme » s'effondre. L'aboutissement de ce calcul sélectionnera inéluctablement et aléatoirement une seule des puissances de 42 composant l'état superposé final, si bien qu'il aurait été bien plus rapide de calculer chacune d'entre elles sur votre calculatrice de poche.

Cette incapacité de lecture n'est pas une limite technologique, mais elle découle d'un théorème fondamental[5] : un qubit ne permet pas de stocker une quantité d'information plus grande qu'un simple bit.

Autrement dit, étant donné une certaine quantité d'information quantique, il est seulement possible d'en extraire une quantité identique d'information classique. Ce résultat s'applique aussi pour les Everettiens : dans la théorie des mondes multiples, chaque réponse possible apparaît dans une branche particulière et sera lue par une copie de vous. Chaque branche étant indépendante l'une de l'autre, il vous est impossible de communiquer avec vos copies pour tenter de rassembler leurs informations dans un même monde.

REFLET POP'

Dans le film *Everything Everywhere All At Once* de Daniel Kwan et Daniel Scheinert (2022), les personnages, contrairement à l'interprétation d'Everett véridique, peuvent avoir accès aux compétences et aux souvenirs de leurs copies présentes dans des branches d'Univers distinctes en effectuant des actions absurdes et improbables. De même, dans la trilogie *À la croisée des mondes* de Philip Pullman, les protagonistes voyagent à travers les mondes d'Everett (explicitement mentionné) en découpant des fenêtres entre branches d'Univers à l'aide d'un poignard mythique. Enfin, dans la série thriller *Dark Matter* (2024) adaptée du roman de Blake Crouch, un physicien est kidnappé par une version alternative de lui-même qui a créé une expérience de Schrödinger grandeur nature, ouvrant des passages vers des mondes parallèles quantiques. C'est bien évidemment pure fiction : la communication entre différentes branches d'Univers est, par essence, impossible.

Ces explications vous auront, je l'espère, rassurés. L'ordinateur quantique ne calcule pas dans des univers parallèles. Il ne résoudra pas tous vos problèmes. Il ne sauvera ni les chatons, ni l'humanité. Mais comment fonctionne-t-il et à quoi pourrait-il bien servir ?

L'algorithme de Shor

Si nous avons vu que l'ordinateur quantique peut très bien se passer de l'idée de mondes parallèles, il est plus pertinent de s'intéresser à ce que Deutsch désigne indirectement comme une véritable ressource quantique : les interférences quantiques. En effet, puisque, comme un calculateur classique, l'ordinateur quantique ne nous donnera qu'une seule réponse *in fine*, pourquoi ne pas exploiter la capacité de l'information quantique d'interférer avec elle-même pour éliminer la plupart des réponses possibles, et pour faire en sorte que seule la solution recherchée sorte gagnante de la loterie quantique ?

De manière générale, trouver comment exprimer un problème quelconque sous cette forme « quantique » dans laquelle il existe un algorithme où toutes les mauvaises réponses s'annulent est loin, très loin d'être facile. C'est une des raisons pour laquelle utiliser un ordinateur quantique est, dans la plupart des cas, complètement inutile. Cela explique également en partie pourquoi, en dehors des défis techniques, il est très peu probable que vous ayez un jour votre ordinateur quantique personnel : il vous serait probablement assez peu utile.

Il existe néanmoins des exceptions. C'est précisément l'une d'entre elles qu'a réalisée Peter Shor en 1994, pour le problème de factorisation des grands nombres. L'objectif de ce problème est de trouver, étant donné un grand nombre donné, les deux nombres premiers* dont la multiplication est égale à ce grand nombre. Par exemple, le nombre 51 admet comme facteurs premiers 3 et 17. Pour de très grands nombres, ce problème est extrêmement difficile. Sur nos meilleurs ordinateurs actuels, factoriser un nombre dont les deux facteurs premiers contiennent chacun quelques centaines de chiffres prendrait des millions d'années. Mais pas pour l'algorithme quantique de Shor !

Vous pourriez penser que ce résultat semble surtout être une occasion de plus pour les mathématiciens et informaticiens de s'amuser (ce qui est vrai), mais le rôle joué par le problème de factorisation des grands nombres dans notre société fait de l'algorithme de Shor un résultat révolutionnaire… et terrifiant. Aujourd'hui, une grande partie des protocoles de sécurité utilisés pour la protection de transfert de données repose sur le « chiffrement RSA » (proposé en 1977 par les américains Ronald Rivest, Adi Shamir et Leonard Adleman), qui repose sur l'apparente extrême difficulté à factoriser de grands nombres en paire de nombres premiers. Si ces protocoles pouvaient être hackés, il serait

* Un nombre premier est un nombre entier naturel qui admet seulement deux diviseurs distincts, entiers et positifs : 1 et lui-même.

alors impossible de se connecter en ligne de façon sécurisée, d'envoyer des messages confidentiels, de s'assurer de la sécurité d'une transaction financière, d'authentifier des données.

Pour implémenter de façon significative l'algorithme de Shor sur un ordinateur quantique, plusieurs milliers de qubits effectifs sont nécessaires, alors que nous entrons aujourd'hui timidement dans une phase de transition entre quelques dizaines à une centaine de qubits. En 2001, une équipe d'IBM[6] en effectua la toute première démonstration, en factorisant $15 = 3 \times 5$ à l'aide de sept qubits. En 2012, une équipe de chercheurs de l'Université de Bristol est ainsi parvenue à exécuter l'algorithme sur quelques qubits et à factoriser le nombre 21 (vous pouvez effectuer le calcul de tête, sa décomposition en nombres premiers est 3×7)[7, 8]. En 2019, l'ordinateur quantique de vingt qubits d'IBM (« IBM Q System One[9] ») échoua à factoriser le nombre 35 (de tête encore une fois, $35 = 5 \times 7$). Soyons donc sans crainte, la catastrophe sécuritaire n'est (*a priori* ?) pas pour demain[10].

$|$*Être*$\rangle + |$*Ne Pas Être*$\rangle$?

Maintenant que vous saisissez mieux les enjeux de ce que signifie « être dans deux états à la fois » pour une particule quantique, et à quoi cela peut éventuellement servir, revenons à notre chat. Pour rappel, l'expérience du chat de Schrödinger est à l'origine un simple exemple provocateur, utilisé pour démontrer *ad absurdum* que la théorie quantique était incomplète. Il faut néanmoins bien concevoir que cette histoire n'est pas une simple affaire de superposition. Autrement dit, l'expérience ne décrit pas simplement l'état $|\textit{chat vivant}\rangle + |\textit{chat mort}\rangle$. Il n'est pas seul dans la boîte ! Le chat est accompagné de la particule quantique qui actionne ou non le mécanisme libérant le poison. Son état est ainsi quantiquement corrélé – on dit qu'il est intriqué – avec celui de la particule. Tant que l'on n'a pas ouvert la boîte – autrement dit, tant que l'on n'a pas observé l'état du chat – le couple « particule *et* chat » est dans l'état intriqué suivant :

« $|0\rangle$ *et* $|\textit{chat vivant}\rangle + |1\rangle$ *et* $|\textit{chat mort}\rangle$ ».

Cette phrase quantique se lit ainsi : « « La particule quantique est dans l'état 0 *et* le chat est vivant » *plus* « la particule quantique est dans l'état 1 *et* le chat est mort ». » Encore une fois, toute l'étrangeté semble provenir de ce fameux « + ». Cependant, nous retiendrons que si l'intrication ne concerne pas les systèmes quantiques célibataires, c'est en revanche une affaire de couple. Ce qui est étrange ici, c'est que l'état du chat semble indissociable de celui de la particule. Ils sont mathématiquement inséparables*. C'est ce qui, au fond, répugnait sans doute Einstein et Schrödinger. Qu'il y ait un voile sur la nature des particules quantiques est déjà assez insatisfaisant, mais que ce flou paradoxal puisse contaminer l'état de vie ou de mort d'un chat, quelle horreur ! Il devait y avoir quelque chose à compléter dans cette description… Cinq décennies plus tard, le prix Nobel Alain Aspect et son équipe mettront en évidence expérimentalement l'intrication de couples de photons, démontrant ainsi l'existence concrète de cette inséparabilité quantique (voir les Chapitres 5 et 6). Contrairement au « parallélisme », elle est une ressource phare de la magie qui alimentera l'ordinateur quantique.

On trouve parfois au sein de la communauté scientifique une critique de l'aspect paradoxal de l'expérience de Schrödinger, selon laquelle le paradoxe pourrait être évité en invoquant la « décohérence quantique » : quand bien même le chat pourrait théoriquement être dans un état quantique, sa taille macroscopique l'obligerait à être interaction permanente avec son environnement, détruisant ainsi toute superposition éventuelle. Pour préserver la nature quantique d'un objet, il est primordial qu'il soit isolé. Pour ce faire, il faudrait par exemple refroidir notre félin à des températures avoisinant le zéro absolu (– 273,15 °C), ce qui, vous le concéderez, laisserait peu de chance à l'état |*chat vivant*⟩ d'exister.

Certes, mais l'on pourrait objecter que cet argument prend l'expérience de pensée un peu trop au sérieux. La décohérence permet d'expliquer pourquoi il semble très compliqué de réaliser en pratique une intrication entre une particule quantique et un objet macroscopique[11]. Mais, d'un point de vue théorique, cela n'empêche toujours

* En mathématiques, on dit qu'ils ne sont pas factorisables. Autrement dit, on ne peut pas transformer l'addition « |0⟩ *et* |chat vivant⟩ + |1⟩ *et* |chat mort⟩ » en « |état de la particule⟩ *et* |état du chat⟩ ».

pas d'écrire cet état intriqué ! Et ce simple fait est potentiellement problématique.

Au fond, qu'est-ce que ça fait, d'être un chat de Schrödinger ?

Soudain, un miaulement plaintif parvient à vos oreilles. Une étrange boîte, de dimensions plus imposantes que la précédente apparaît devant vous. La curiosité vous dévore. Après tout, si rien n'empêche théoriquement de considérer l'union d'un chat et d'une particule quantique, pourquoi ne pas tenter l'expérience vous-même ?

« $|0\rangle$ *et* $|$*être*$\rangle$ + $|1\rangle$ *et* $|$***ne pas*** *être*$\rangle$? », telle ***n'***est ***pas*** la question.

EXORCISME DU DÉMON DU PARALLÉLISME

À quoi la superposition quantique peut-elle bien servir ? À « calculer en parallèle dans une infinité de mondes possibles » ?

- L'ordinateur quantique ne calculera pas « dans des univers parallèles » en donnant « toutes les réponses en même temps ». En revanche, il pourra tirer profit du phénomène d'interférences quantiques et apporter un avantage dans certains types de problèmes pour lesquels il est possible de faire en sorte que les mauvaises réponses s'annihilent, et que la solution sortant gagnante de la loterie quantique soit signifiante.
- La factorisation de grands nombres en produits de nombres premiers est un exemple emblématique de ce type de problème. De nombreux protocoles de sécurité informatique reposent aujourd'hui sur l'incapacité des ordinateurs actuels à le résoudre efficacement. Cette tâche serait en revanche particulièrement simple pour un ordinateur quantique, qui, via l'algorithme de Shor, pourrait rendre ces systèmes de cryptographie obsolètes.
- Le chat de Schrödinger n'est pas « à la fois mort et vivant ». Cependant, la phrase quantique qui le décrit est mathématiquement inséparable de celle de la particule quantique actionnant ou non le piège mortel : « « La particule quantique est dans l'état 0 *et* le chat est vivant » *plus* « la particule quantique est dans l'état 1 *et* le chat est mort ». » Contrairement au parallélisme, ce phénomène d'intrication sera un ingrédient fondamental des futures technologies quantiques.

4

LE MIROIR DU RÉEL, OU LE DÉMON DE L'INTERPRÉTATION

« La vie et la mort m'apparaissaient comme des limites idéales que je devrais d'abord franchir [...]. »
Mary Shelley,
Frankenstein ou le Prométhée moderne (1818)

« Je vous livre le secret des secrets.
Les miroirs sont les portes par lesquelles la Mort vient et va. »
Orphée, réalisé par Jean Cocteau, 1950

INVOCATION DU DÉMON DE L'INTERPRÉTATION :

« Personne ne comprend la théorie quantique ! »

Le langage quantique souffre d'une mauvaise image. Il est réputé abstrait, cryptique, et même hostile. Pour le comprendre et le manipuler, un certain niveau d'apprentissage semble nécessaire, si bien qu'il ne serait à la porter que de quelques initiés. Les arcanes de la théorie quantique sont-elles vraiment aussi secrètes qu'on le raconte ? Sont-elles vraiment impossibles à traduire ? Pour en avoir le cœur net, il suffit peut-être de pénétrer soi-même « dans la boîte » et de ressentir vraiment ce que c'est « d'être un chat de Schrödinger », dans un état de suspension existentiel, en couple avec une particule quantique :

$$« |0\rangle \textit{ et } |\textit{vivre}\rangle + |1\rangle \textit{ et } |\textit{mourir}\rangle »$$

Toutefois, nous ne voulons pas littéralement mettre notre vie en jeu pour cette quête de sens. Alors, comment mener à bien notre investigation ?

Une première piste serait de poser la question au chat, sous réserve qu'il soit sorti vivant de l'expérience (une chance sur deux). Mais, même dans le cas où il a survécu, nous ne parlons pas chat… Une autre option pourrait être d'envoyer un ami à la place du chat dans la boîte et de modifier l'expérience de telle sorte que son existence ne soit pas mise en danger. Notre ami, que nous appellerons Orphée, doit simplement observer la particule quantique qu'il va trouver dans la boîte et lui poser la question : « Es-tu dans l'état $|0\rangle$ ou $|1\rangle$? » Dans ce cas, sa mesure conduira à la perte ce qui rendait la particule spéciale (l'addition). L'état quantique superposé s'effondre aléatoirement en état standard $|0\rangle$ *ou* $|1\rangle$. La tragédie suit son cours : Orphée observe Eurydice et la perd à tout jamais (cf. Chapitre 2, pp. 50-51), aucune échappatoire à l'horizon.

Néanmoins, de notre point de vue, la particule n'a pas de raison d'être considérée comme étant seule dans la boîte, puisqu'elle interagit avec l'instrument de mesure d'Orphée. Il convient donc d'examiner non pas l'état de la particule seule, mais le couple qu'elle forme avec cet instrument, que l'on peut associer à Orphée lui-même. Pour nous, la mesure d'Orphée est simplement une évolution de l'état quantique du couple « particule *et* Orphée » à l'intérieur de la boîte. Si la particule est dans l'état $|0\rangle$, nous pourrons décrire Orphée comme $|\textit{Orphée observe}\ 0\rangle$. Si la particule est dans l'état $|1\rangle$, $|\textit{Orphée observe}\ 1\rangle$. Et, comme la particule est quantique, le couple formé à l'intérieur de la boîte est dans l'état intriqué :

$$\text{« } |0\rangle\ \textit{et}\ |\textit{Orphée observe}\ 0\rangle + |1\rangle\ \textit{et}\ |\textit{Orphée observe}\ 1\rangle \text{ »}$$

Ainsi, de notre point de vue, Eurydice n'a pas disparu ! Tant que nous n'ouvrons pas notre boîte, Orphée et elle resteront intriqués, obtenant un statut équivalent à celui du chat de Schrödinger ! Et, il fallait s'y attendre, une fantasmagorique anomalie semble émaner de cette situation. Horreur. Une contradiction. De taille.

En remplaçant le chat de Schrödinger par Orphée, nous avons révélé une incohérence : si la théorie quantique est correcte, il faut alors se rendre à l'évidence, il y a un problème. Un même phénomène, la mesure de la particule réalisée par Orphée à l'intérieur de la boîte, est décrit de deux façons différentes[1] et aboutit à deux résultats *a priori* contradictoires selon le point de vue considéré. En somme, un problème de mesure. C'est LE (faux) problème de la théorie quantique, qui a non seulement donné des cheveux blancs aux scientifiques, mais qui a également dérouté de nombreux philosophes, et qui est présenté ici sous sa variante dite de « l'ami de Wigner », du nom du scientifique, Eugène Wigner (1902-1995), l'ayant énoncé pour la première fois en 1961[2].

Le problème de la mesure peut se résumer ainsi : pour Orphée, il y a la particule, qu'il mesure. Il observe et perd inéluctablement Eurydice. Pour nous, le couple quantique « particule et Orphée » reste inséparables tant qu'ils ne sont pas observés. Comment donner du sens à ces deux points de vue irréconciliables ?

REFLET POP'

Que peut bien ressentir un chat de Schrödinger ? Qu'est-ce que ça fait, vraiment, d'être « dans la boîte » ? Dans la nouvelle de science-fiction *Diagrammes du Vide* (1999, trad. dans *Bifrost*, n° 70), l'écrivain Stephen Baxter raconte l'histoire de Paul, amnésique, qui parvient à s'introduire dans un mystérieux et gigantesque cube extraterrestre qui avait jusqu'alors résisté à toute tentative d'observation et d'intrusion.

Cartographie de la folie

Pour tout vous dire, en vérité, ce problème n'en est plus vraiment un. Il a été résolu il y a bien des années ! Mais ce dénouement a engendré un nouveau problème : il n'y a pas une, mais des solutions. Ce sont les fameuses « interprétations[3] » de la théorie quantique, ces modèles qui tentent de donner du sens au langage mathématique abstrait et ineffable de la théorie quantique. Et il y en a beaucoup (trop)[4]...

Comment expliquer qu'aucune n'ait fait consensus ? Chacune a ses défauts et ses qualités et, jusqu'à présent, aucune n'a su donner un argument suffisamment convaincant pour obtenir l'adhésion de l'ensemble de la communauté scientifique. Il faut également noter qu'un nouveau modèle ne s'impose pas uniquement sur des critères objectifs. Préférences métaphysiques, épistémologiques ou encore esthétiques, les affinités des scientifiques et philosophes pour telle ou telle interprétation sont aussi guidées pour un certain nombre de choix personnels. Cet arbitraire donne lieu à des débats enflammés et, il faut malheureusement l'avouer, assez souvent stériles[5].

Généralement, les scientifiques s'inscrivent dans deux catégories :

- d'un côté, le camp des « réalistes », qui pensent qu'une théorie physique devrait avant tout être physique, fournir une ontologie, *i.e.* un discours sur la réalité, un énoncé sur la Nature, qui, même s'il s'écrit dans un langage mathématique, doit avoir une traduction claire, complète, et indépendante de l'observateur (de Broglie-Bohm, Everett, théories à effondrement spontané, etc.) ;
- de l'autre côté, le camp des « antiréalistes », plutôt promptes à suspendre tout jugement vis-à-vis des discours directs sur la réalité, et qui préfèrent considérer la théorie quantique comme un outil que nous utilisons pour rendre compte de nos interactions avec le monde. Ces interprétations, parfois appelées « néo-Copenhague »,

s'inspirent des points de vue de Bohr, Heisenberg et Pauli, tout en les modernisant et les dénuant de quelques ambiguïtés*.

« C'est méta ! »

Comment échapper à cette impasse ? Est-il possible de se libérer de cette contradiction apparente de la théorie quantique sans avoir à choisir un camp ? La réponse est oui ! Une analyse logique du problème de la mesure suffit à démontrer que ce dernier est issu d'une erreur… de logique[6] ! Une fois la faute de raisonnement identifiée, le problème se dissout de lui-même, comme s'il n'avait jamais existé.

La clé de l'analyse conduisant à la dissolution du problème de la mesure repose entièrement sur un petit préfixe issu du grec ancien : « *meta* », qui signifie littéralement « après », « au-delà ». Par exemple, la métaphysique, c'est ce qu'il y a « au-delà de la physique ». Le préfixe est également employé pour faire référence à un niveau d'abstraction supérieur : une « méta-chose », c'est une « chose à propos d'une chose ». Une méta-théorie est une théorie portant sur une théorie, sur ses fondements, ses méthodes, sa forme**.

Dans l'art, la littérature, et plus généralement la culture populaire, les méta-références sont des procédés à travers lesquels des éléments de l'œuvre font référence au fait que l'œuvre est une œuvre[7]. Elles permettent de « briser le quatrième mur », cette paroi imaginaire censée être infranchissable qui sépare le spectacle des spectateurs, l'observable des observateurs. Parfois tentatives d'établir une forme de complicité (souvent superficielle[8]) ou de communication directe avec le public, leur aspect le plus intéressant réside sans doute dans le fait qu'elles agissent comme un miroir, renvoyant le regard du spectateur à lui-même et l'invitant à s'interroger sur son propre statut. Comme le veut l'expression populaire, « c'est méta ».

---

* Les points de vue de Bohr, Heisenberg et Pauli, qui partagent de multiples points communs mais ont également de nombreuses divergences, sont en effet régulièrement brouillés sous l'appellation « interprétation de Copenhague ». Cette mauvaise purée interprétative est malheureusement trop souvent présentée dans les cours d'introduction à la théorie quantique, alors qu'elle ne mérite pas le titre « interprétation », puisqu'elle ne donne aucune solution au problème de la mesure ! À l'écoute ou la lecture de ce nom, nous devrions donc tous grincer des dents. Il n'y a pas une unique « interprétation de Copenhague », mais « des interprétations de Copenhague ».

** Les notes de fin d'ouvrage sont du méta-texte !

Mais le pouvoir de ce préfixe peut être aussi réflexif que dévastateur. Et si le problème de la mesure était simplement issu d'une méta-référence, d'une tentative de « briser le quatrième mur » mathématique, ayant mal tournée ? Et s'il n'était que le symptôme d'une confusion entre ce qui relève du « méta » (l'observation) et ce qui appartient à la théorie quantique, un franchissement naïf du miroir quantique ?

Dans le scénario considéré, Orphée fait figure d'observateur : il est « méta » par définition. Il se situe au-delà de la description quantique, qu'il utilise pour étudier la particule qu'il cherche à observer. Sa mesure est également « méta » : elle peut être définie comme l'interaction d'un objet méta-théorique (l'observateur, Orphée) avec l'objet théorique étudié (la particule). Quant à nous, étant en position d'observation du couple formé par Orphée et la particule qu'il observe, le scénario nous considère comme étant « méta-(méta-théorique) ».

Le problème de la mesure, la contradiction apparente entre l'observation d'Orphée après sa mesure de la particule « à l'intérieur de la boîte » et la description de cette action sur la particule de notre point de vue « à l'extérieur de la boîte », peut alors être formulé comme l'incompatibilité des trois hypothèses suivantes :

- la théorie quantique est complète, correcte, et s'applique à n'importe quel objet ;
- l'état de la particule quantique ne dépend pas du point de vue adopté (notre ami Orphée ou nous le méta-observateur) ;
- par définition, une mesure est une interaction entre objet méta-théorique et objet théorique.

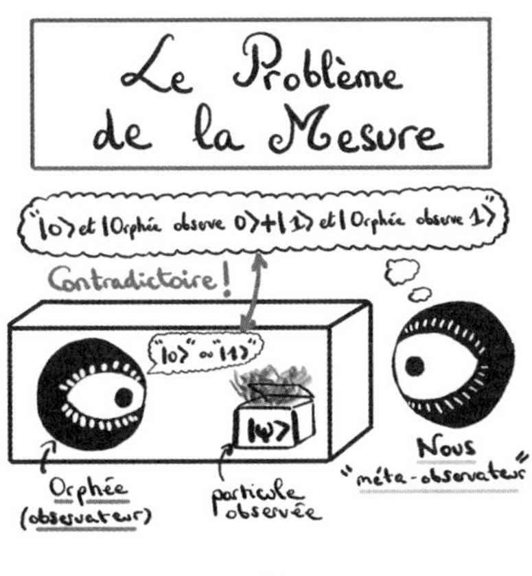

Comment ce trio aboutit-il à une contradiction ? Prenons les deux premières hypothèses et supposons qu'elles soient vraies. Ensembles, elles impliquent qu'il est possible d'imaginer un méta-scénario, dans lequel nous ouvrons la boîte pour découvrir le résultat de la mesure d'Orphée, mais où nous sommes nous-même un objet prisonnier dans la méta-boîte d'un observateur (et qui est donc « *méta-(méta-méta-théorique)* »). Il peut lui-même être l'acteur d'un méta-méta-scénario et se trouver dans la méta-méta-boîte d'un autre observateur… et ainsi de suite, jusqu'à ce que l'ensemble des objets qui existent dans l'Univers se trouvent dans une boîte. Cette méta$^{\infty}$-boîte, c'est l'Univers, auquel on peut associer un état quantique $|Univers\rangle$, composition de l'ensemble des états quantiques des objets qui le constituent. Puisque nous sommes à l'intérieur de cette boîte, nous faisons partie de cet état quantique universel. Nos interactions avec les autres constituants du monde sont alors décrites comme une évolution quantique de l'état $|Univers\rangle$. Nos mesures sont de simples processus quantiques entre objets quantiques à l'intérieur de la boîte, ce qui contredit la troisième hypothèse.

On pourrait imaginer qu'il existe à l'intérieur de cet Univers un démon, « méta$^{\infty}$-théorique », désireux de connaître l'état complet de l'Univers en mesurant le contenu de la boîte. Or, un observateur ne peut pas se mesurer lui-même, puisque, par définition, il est « méta ». Le démon doit donc nécessairement être à l'extérieur de la boîte, ce qui contredit le fait qu'il se trouve à l'intérieur de celle-ci…

Voici l'erreur de raisonnement logique qui se cache derrière LE grand problème de la théorie quantique : une simple confusion entre ce qui relève et ne relève pas du « méta », menant Orphée à jouer « à la fois » les rôles contradictoires d'observateur (méta-théorique) et d'observé (théorique).

REFLET POP'

De nombreuses œuvres invitent à une forme de méta-réflexion similaire à celle sur laquelle est construit le problème de la mesure. Citons l'excellent livre *Gödel, Escher, Bach* de Douglas Hofstadter (1980). Nous pouvons également ajouter les célèbres *Huyendo de la critica* du peintre catalan Pere Borrell del Caso (1874) – dans laquelle un jeune garçon tente de s'échapper du cadre de la peinture - et *Drawing Hands* de M. C. Escher (1948) - où deux dessins de mains sortent de leur page pour se co-dessiner mutuellement.

Une histoire de perspectives

Le trio d'hypothèses à l'origine du problème de la mesure à présent identifié, il ne reste plus qu'à abandonner l'une d'entre elles pour finir de dissoudre le paradoxe. En supposant que la première hypothèse soit toujours vraie, et donc que la théorie quantique est complète, correcte et peut (en théorie) s'appliquer à n'importe quel objet de l'Univers, il reste donc deux façons d'élucider cette énigme*.

Une première dissolution consiste à considérer la seconde hypothèse comme vraie – l'état de la particule quantique est indépendant du point de vue considéré (Orphée ou nous-même) – et à délaisser la troisième hypothèse : renoncer à la définition « méta » de la mesure, conduisant ainsi à considérer l'Univers tout entier comme objet quantique. Il nous faut alors admettre que cet état ne sera jamais complètement accessible expérimentalement et que certains aspects du monde seront de ce fait à jamais inaccessibles… Cette *théorie quantique du point de vue de l'intérieur de la boîte*, c'est la théorie d'Everett des mondes multiples. L'Univers est en superposition quantique, et nous évoluons dans une de ses branches, sans avoir accès à nos copies voisines. Il n'y a pas d'observateur. Nous sommes tous, Orphée, vous et moi, décrits de façon quantique et intriqués à l'intérieur de la boîte. Le destin d'Orphée et d'Eurydice est suspendu : ils restent mathématiquement inséparables, pour toujours.

* Ici, nous nous concentrons sur la dissolution du problème de mesure en l'analysant comme étant issu d'un paradoxe auto-référentiel. Il existe d'autres solutions, comme considérer que la théorie quantique est incomplète, incorrecte, ou qu'elle ne s'applique qu'à des objets d'une certaine taille.

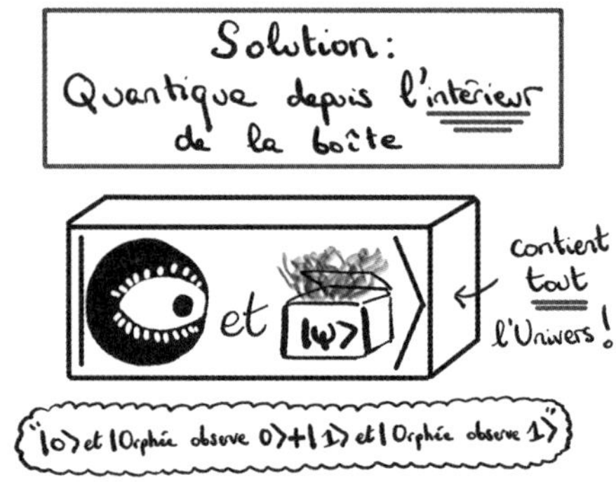

L'autre forme de dissolution consiste à garder la troisième hypothèse et à abandonner la seconde. Une mesure est toujours définie dans un contexte bien défini : l'observateur (par définition, hors de la description théorique) obtiendra des réponses complètes aux questions posées à l'observé (théorique), leur séparation étant toujours clairement identifiée[9]. On peut alors (en théorie) décrire chaque objet de façon quantique, mais pas tous en même temps. Il y a le point de vue parfaitement cohérent d'Orphée, observateur qui étudie la particule quantique, et qui conduit inéluctablement à la disparition d'Eurydice. Et il y a notre point de vue, aussi parfaitement cohérent, dans lequel Orphée n'est plus observateur mais coacteur en interaction avec la particule quantique, conduisant à son intrication avec Eurydice. En revanche, comparer ces deux contextes d'observation différents, en demandant par exemple si Orphée et nous-même obtenons un résultat identique, n'a pas de sens. Ce type de questions est condamné à rester sans réponses, bloquées par la gardienne de la frontière entre « méta » et « non-méta » : l'*Indécidabilité*. Les envisager, c'est ramener le méta-théorique et le théorique au même niveau, c'est recréer le problème que l'on cherchait justement à dissoudre. C'est tenter de briser le quatrième mur, laisser ce qui relève du « méta » passer de l'autre côté du miroir et se confondre avec ce qui n'en relève pas. Reconnaître ce caractère indécidable, c'est l'apanage de *la théorie quantique du point de vue de l'extérieur de la boîte*, c'est le fondement des interprétations néo-Copenhague.

Les héritières de Copenhague

Les interprétations néo-Copenhague sont fondamentalement caractérisées par la séparation « méta »/« non-méta ». Cet aspect fait qu'elles sont souvent accusées de solipsisme, une posture philosophique selon laquelle l'existence du monde extérieur, des autres personnes et de tout ce qui n'est pas directement lié à l'expérience personnelle de l'observateur est incertaine, voire illusoire. Ce n'est bien sûr pas le cas dans les interprétations néo-Copenhague, dans lesquelles l'hypothèse d'un monde extérieur avec lequel l'observateur interagit est nécessaire. Il suffit par ailleurs de lire les acteurs de ce camp[10] pour constater que leur recherche n'est pas dépourvue d'horizon, et que leur prudence ne les réduit pas à « se taire et calculer ».

La notion d'observateur comme objet méta-théorique peut néanmoins sembler un peu abstraite. En principe, tout objet de l'Univers est autorisé à jouer le rôle de spectateur en s'échappant dans le domaine « méta » ! Est-ce que cela signifie que votre chat, une chaise ou un électron peuvent chacun être considéré comme un « observateur » ? D'après le physicien Carlo Rovelli, oui. La séparation entre méta-théorique et théorique – couramment appelée « la coupure de Heisenberg » – peut se placer entre n'importe quels objets. Cela signifie aussi que si vous mesurez une particule quantique, le point de vue où vous êtes « mesuré[11] » par la particule existe aussi. La théorie quantique décrit la façon dont chaque objet physique se manifeste vis-à-vis de tout autre objet physique. Mais encore une fois, pour ne pas reproduire le problème de la mesure, chaque description s'effectue dans un contexte bien particulier : nous n'observons pas Orphée en train d'observer sa particule. De notre point de vue, nous observons le couple « Orphée et la particule ». De son point de vue, Orphée observe la particule. Le monde devient alors une vaste toile de relations, d'interactions aux multiples perspectives. C'est l'interprétation relationnelle de la théorie quantique.

Parmi les autres interprétations néo-Copenhague, le QBisme[12] (prononcé « cubisme ») est sans doute la plus originale, mais aussi la plus radicale d'entre elles*. Selon ses partisans, la théorie quantique aide ses utilisateurs à structurer leurs « paris » sur le comportement de l'Univers lorsqu'ils interagissent avec lui. Les probabilités quantiques sont considérées comme des outils essentiels pour guider nos décisions, nous aidant à naviguer dans le monde et à comprendre nos interactions avec celui-ci. Une telle interprétation renvoie encore une fois à la question de savoir si, après tout, la théorie quantique mérite le nom de « théorie physique ». La réponse variera selon votre définition et votre disposition à changer de paradigme.

Que ressent-on une fois qu'on a glissé dans la peau d'un chat de Schrödinger ? Rien d'extraordinaire *a priori* selon les partisans de l'école néo-Copenhague. Nous sommes un chat de Schrödinger pour autrui à chaque fois que nous effectuons une mesure quantique. Mais la position d'observateur n'en reste pas moins vertigineuse : parler du « résultat » d'une mesure n'a de sens que lorsqu'elle a été effectuée. Cet accès impossible à une réalité totale et neutre n'a rien de fantasque, mais il sonne comme un rappel : nous sommes témoins d'une histoire que nous construisons.

***

Et si *De l'autre côté du miroir quantique* racontait aussi votre histoire ? L'histoire de votre incursion de l'autre côté du miroir quantique. Elle est peut-être là, l'issue recherchée. Au cœur même de ces lignes. Comment y

---

* Pour une présentation philosophique complète, cf. Bibliographie, Chapitre 1, Note 20.

entrer ? Commençons par une nouvelle formule magique, une incantation qui rendra la paroi vitreuse et réfléchissante du miroir aussi molle que de la gaze. Il faudra ensuite échapper à la vigilance de la gardienne du « quatrième mur », l'Indécidabilité, qui veille à ce qu'aucun paradoxe ne se produise. Une strate supérieure d'abstraction, un espace méta-textuel, devrait vous permettre de vous y soustraire. Prenons le temps de la réflexion.

Et s'il était possible de créer un problème de la lecture ? Y aurait-il une méta-référence capable de transgresser la frontière qui sépare le monde du livre et celui des lecteurs et lectrices ? « Vous êtes en train de lire *De l'autre côté du miroir quantique.* » Tel un génie sorti d'une lampe magique, voici qu'apparaît, comme libéré de ces pages, un observateur nous proposant d'exaucer trois vœux. Il nous invite à formuler le premier. Mais, après tout, pourquoi devrions-nous nous limiter à trois vœux ? Un mélange d'avidité et de curiosité nous pousse à lui demander d'en exaucer un nombre illimité. Ce méta-vœu – un « vœu à propos des vœux » – laisse l'observateur sans voix. Il est bien obligé d'accéder à notre requête. Or, *en même temps,* notre souhait va à l'encontre de la proposition initiale ! Que peut donc bien faire le génie ? Nous avons créé une faille. Une incohérence logique. La réponse à la question « Que va donc bien pouvoir faire le génie ? » est donc indécidable. La situation l'a rendu impuissant et seul un « méta-génie[13] » (ou l'auteur de ce livre), capable d'agir au niveau des lois du Récit, pourrait venir à son secours. Or, une telle entité ne semble pas vouloir intervenir. Désemparé, le génie disparaît, laissant dans son sillage une brume argentée, qui, lentement, prend forme et se métamorphose en miroir.

Elle est peut-être là, la formule recherchée. Comme pour la métamorphose du djinn en miroir, un paradoxe logique pourrait faire office de « Sésame, ouvre-toi », mais lequel ? Il suffit peut-être de prononcer :

« *Je ne suis pas en train de lire ce livre*[*]. »

---

* Vous interrompez votre lecture et regardez autour de vous. Vous voici dans un espace étroit, surplombé d'une fine ligne noire à sa gauche. Un espace méta-textuel : les notes de bas de page. Ici, l'Indécidabilité ne pourra pas vous restreindre. Vous êtes à l'abri. Vous vous penchez sur la surface du miroir… « qui se transforme en une sorte de brouillard ! Ça va être assez facile de passer à travers… Le verre commençait bel et bien à disparaître, exactement comme une brume d'argent brillante[14]. » Vous passez à travers, de l'autre côté.

En un instant, vous vous retrouvez dans une salle baignée d'une lumière éclatante, d'une blancheur immaculée, du sol au plafond. Une porte se trouve devant vous, sur laquelle est gravée l'inscription « $|0\rangle$ *et* $|$*elle observe* $0\rangle + |1\rangle$ *et* $|$*elle observe* $1\rangle$ ». Vous tentez de l'ouvrir, en vain. Vous découvrez sur le palier un livre, ce livre : *De l'autre côté du miroir quantique.* Vous l'ouvrez précisément à l'endroit où vous aviez suspendu votre lecture, à la recherche d'un indice pour poursuivre votre aventure dans cet « outre-monde » méta-ordinaire, hors du commun.

REFLET POP'

Dans la bande dessinée *Mon ami Pierrot* de Jim Bishop (Glénat, 2022), l'héroïne Cléa fait la rencontre du magicien Pierrot et de son familier démoniaque mi-chat mi-hibou nommé Schrödinger. Ce dernier se présente comme étant à la fois « spectateur actif » et « acteur passif » de l'histoire, positionné sur le même perchoir d'observation que les lecteurs. Ensembles, Pierrot et Schrödinger emmèneront Cléa hors des cases dessinées, dans un niveau méta, espace de liberté totale au sein duquel tout est possible.

À la (re)découverte de l'essence quantique

Les conflits au sujet des interprétations quantiques ont longtemps paralysé l'étude des fondements de la théorie. La démarche consistant à lui donner du sens n'a rien de mauvais en soi, mais elle conduit facilement à quelques dérives. Certains scientifiques et philosophes se sont parfois transformés en devins, interprétant les essences de la théorie pour en extraire une signification profonde sur la nature de la réalité, sans jamais parvenir à s'accorder sur une interprétation commune. Toutes ces spéculations sur l'essence de la théorie quantique émergent de la même source : ses axiomes* mathématiques. Au début des années 2000, Christopher Fuchs[15] et Carlo Rovelli[16] ont proposé de chercher

* Les axiomes sont les principes fondamentaux d'une théorie ou d'un raisonnement qui ne nécessitent pas d'être démontrés. Ils sont considérés comme le « point de départ ». Ici, ce sont les règles mathématiques inscrites sur les Tables de la loi quantique.

des principes physiques simples, motivés expérimentalement et basés sur la notion d'information, à partir desquels ces axiomes pourraient être dérivés plutôt que de se contenter d'allégories fictionnelles. Selon ces chercheurs, la théorie quantique ne devrait pas être perçue comme une simple théorie constructive, fondée sur l'hypothèse d'une réalité matérielle concrète, mais elle pourrait aussi être étudiée comme une théorie cherchant à établir les principes fondamentaux à la racine de notre monde[17].

Et s'il suffisait d'identifier une liste de nouvelles règles physiques fondamentales exprimées dans un langage simple et clair, qui permettraient de discerner ce qui fait la singularité de la théorie quantique, ce qui la rend étrange vis-à-vis des autres théories ? Aujourd'hui, le brouillard ne s'est toujours pas dissipé, mais une nouvelle dynamique est en marche et des résultats prometteurs ont été obtenus.

En 2001, Lucien Hardy[18] a ainsi identifié un ensemble de cinq nouveaux axiomes à partir desquels la théorie quantique peut être dérivée et a identifié une règle – le cinquième axiome – qui la distingue des théories classiques des probabilités. Différentes tentatives de reconstruction issues de l'école néo-Copenhague ont aussi permis de mettre en évidence que l'indécidabilité fondamentale liée à la notion d'observation, cet « horizon épistémique[19] », peut être exprimée sous la forme de deux principes de base[20] :

- un principe de finitude, qui stipule qu'il existe un maximum fini d'information pouvant être obtenu à partir d'un objet physique donné ;
- un principe de gain, qui indique qu'il est toujours possible d'acquérir de nouvelles informations sur n'importe quel objet physique.

Ces deux principes peuvent sembler contradictoires. Si l'on connaît parfaitement l'état d'un objet physique, aucune information supplémentaire ne devrait pouvoir en être extraite. Mais il existe des exemples où ce n'est pas le cas, comme la théorie quantique. Si la connaissance de tout observateur est contrainte par l'indécidabilité, les principes de finitude et de gain de l'information peuvent parfaitement coexister. Pour le comprendre, on peut se référer au modèle de Spekkens (cf. Chapitre 2), cette simplification de la théorie quantique qui repose sur un équilibre fondamental entre connaissance et ignorance maximales, et qui obéit bien à ces deux principes : l'information accessible à propos de l'état de réalité est finie, mais chaque mesure change potentiellement l'état de réalité sans que nous en ayons une connaissance précise, de telle sorte qu'il existe toujours au final une nouvelle information à acquérir. C'est exactement ainsi que les principes de finitude et de gain se manifestent au sein de la théorie quantique.

L'exemple du modèle de Spekkens montre qu'il est possible de comprendre, voire de découvrir des principes physiques quantiques en faisant de la « science fictionnelle », en explorant des alternatives « non physiques » à la théorie, mais qui partagent des points communs avec elle. Plusieurs programmes de recherche consistent ainsi à élaborer, étudier et comparer des théories fictives, simplifications ou généralisations de la théorie quantique, pour mieux la comprendre. Ces fictions scientifiques servent « d'antireflets », permettant de mettre en avant les spécificités de la théorie quantique. Le procédé est bien connu de la littérature : en développant des personnages antagonistes ou des trames narratives secondaires, il est possible, par contraste, de mettre en avant et de caractériser davantage le personnage ou le récit principal. Ainsi, si une théorie fictive comme le modèle de Spekkens reproduit des phénomènes (comme la superposition, les interférences, et bien d'autres) ou partage des principes physiques (finitude et gain) avec la théorie quantique, alors ceux-ci ne sont pas suffisants pour prétendre encapsuler le cœur de « l'étrangeté quantique[21] ». Ce modèle souligne en revanche l'étrangeté des caractéristiques quantiques qu'il ne peut pas imiter, telles que la non-localité (cf. Chapitre 6) et la contextualité (cf. Chapitre 7).

Aujourd'hui encore, les désaccords interprétatifs persistent, sans aucun doute, mais il existe d'autres voies pour explorer les fondements de la théorie quantique, leur donner du sens et aller au-delà. L'analyse des différentes interprétations n'est d'ailleurs pas à proscrire. Plusieurs théorèmes ont en effet permis de restreindre la gamme des interprétations acceptables. C'est notamment le cas du fameux théorème de Bell, que nous explorerons prochainement.

***

La troisième phase de notre aventure prend fin avec l'exorcisme du démon de l'interprétation. Ce chapitre s'achève, mais nous ne savons toujours pas ce que c'est qu'être un chat de Schrödinger. La fin des divergences interprétatives n'est pas pour demain :

- être un chat de Schrödinger, c'est simplement faire partie de l'état quantique de l'Univers, comme n'importe quel autre objet. Et donc c'est être dans plusieurs mondes à la fois ;
- être un chat de Schrödinger, ça ne fait rien du tout, parce que les chats ne sont pas quantiques. Il y a bien un état quantique de l'Univers, mais des mondes multiples, n'importe quoi. Il y a un monde unique, alors il faut juste modifier ou compléter la théorie quantique pour qu'elle ne conduise pas à de telles aberrations ;
- être un chat de Schrödinger, ça ne fait rien du tout, non pas parce que les chats ne sont pas quantiques, mais parce que s'imaginer dans la position du chat, c'est s'imaginer être un observateur. Il n'y a donc rien d'étrange de votre point de vue, vous êtes hors de la description quantique.
- être un chat de Schrödinger, …

La porte s'est ouverte d'elle-même, comme si elle attendait que vous soyez à la page. À l'intérieur, une immense jarre en verre, transparente, qui s'apparente à une forme de narguilé à sorties multiples. Des silhouettes assises en cercle fument et discutent avec ferveur après chaque inhalation, partageant leurs visions comme si elles avaient perçu la Vérité. En vous approchant, vous reconnaissez alors la masse nuageuse argentée. Ce n'est pas un simple rituel, mais une cérémonie de torture. À chaque inspiration, l'essence du nuage se fait déchirer en morceaux, méprisée par les paroles de ses harceleurs qui ne comprennent qu'une infime partie de sa vraie nature. Ne supportant plus la scène, vous décidez d'intervenir. Vous vous élancez vers la jarre et la brisez, libérant la brume argentée, prisonnière de la boîte, qui aveugle et asphyxie au passage ses tortionnaires. Puis, soudainement, elle se replie sur elle-même, se concentre en un point lumineux, avant de s'effondrer sur elle-même dans un flash aveuglant. En ouvrant les yeux, vous découvrez une étrange créature humanoïde en argile scintillant, un Golem. Sans dire un mot, il vous sourit et vous tend votre livre.

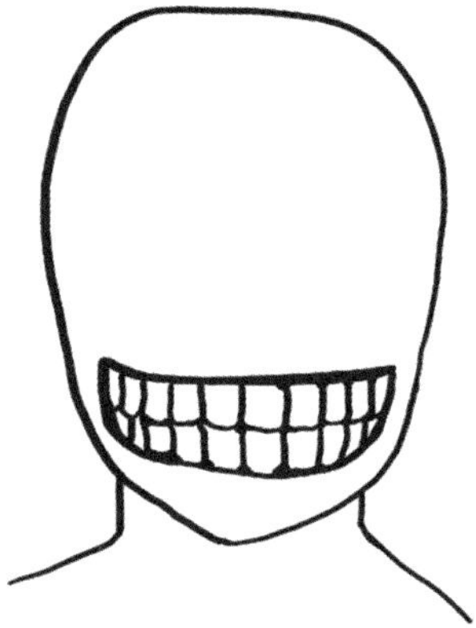

Vous le questionnez du regard, à la recherche d'indices supplémentaires, mais celui-ci continue de vous gratifier de son grand sourire silencieux. En vous approchant de lui, vous remarquez un détail qui vous avait échappé jusque-là : le mot « אמת » (*emet*, « vérité ») est gravé sur son front d'argile. Vous vous rappelez la légende. En effaçant la lettre « א », le mot devient « מת » (de la racine « mort »), et le Golem redevient poussière. Mais la légende dit aussi que la créature inachevée doit être en possession d'un mystérieux parchemin, sur lequel est inscrit un nom ineffable. Peut-être est-elle là, la clé manquante ? Comme s'il comprenait vos intentions, le Golem ouvre soudainement sa bouche, à l'intérieur de laquelle vous trouvez un mystérieux étui à parchemin. Vous l'ouvrez, déroulez le contenu et lisez :

« |0⟩ *et* |א⟩ + |1⟩ *et* |⬚⟩ »

L'état de présence ou d'absence de « א », de vérité ou de mort du Golem, serait *intriqué* à une autre phrase quantique « |0⟩ » ou « |1⟩ », mais pour quoi faire ? La question sera vraisemblablement répondue au chapitre suivant. Tiens, vous auriez juré voir les symboles briller… Vous levez les yeux et sursautez. À la place de la masse d'argile qui servait de visage au Golem se trouve à présent une copie conforme de votre reflet, ornée du même sourire inhumain dont vous avait gratifié la créature. Soudain, d'un geste brusque, le Golem efface la lettre א qui ornait encore son front. Le parchemin se met à vous éblouir d'une lumière intense, trouvant sa source dans la formule actualisée :

« |1⟩ *et* |⬚⟩ »

Vous sentez celle-ci pénétrer votre essence et toucher le fond de votre être. Une sensation insaisissable vous envahit, comme si les limites de votre existence physique n'étaient que mensonge et se dissolvaient en une étrange substance immatérielle. Vos yeux, emprunts de stupeur et d'horreur, ont à peine le temps de demander « Pourquoi ? ». Vous disparaissez en redevenant poussière, accompagné du dernier écho murmuré par le Golem :

« Il est temps de sortir de la boîte. »

EXORCISME DU DÉMON DE L'INTERPRÉTATION

« *Personne ne comprend la théorie quantique.* » L'absence de nuance de cette formule la rend parfaitement ridicule. Scientifiques et philosophes n'ont cessé d'enrichir notre compréhension de la théorie quantique. Dans ce chapitre nous avons vu que :

- le « problème de la mesure » peut se résumer par la question « Qu'y a-t-il dans la boîte quantique ? » lorsqu'un observateur peut observer un autre observateur observant lui-même un objet quantique ;
- ce problème a été résolu il y a de cela des décennies. Le (véritable) problème est que, bien que des résultats (comme le théorème de Bell) aient permis de poser des contraintes sur les interprétations possibles, aucune de ces nombreuses propositions de compréhension de la théorie quantique ne fait l'unanimité aujourd'hui. Choisir une interprétation favorite (si tant est qu'on en ressente vraiment le besoin) ne repose pas uniquement sur des critères purement logiques mais mobilise aussi des préférences métaphysiques, épistémologiques, esthétiques, etc. ;
- le problème de la mesure peut être dissous par une analyse l'identifiant à une erreur de raisonnement logique : en définissant le processus de mesure par une interaction entre un objet hors de la théorie (méta-théorique), l'observateur, et un objet « à l'intérieur de la boîte » (théorique), si l'on compare ce qui se passe à l'intérieur de la boîte pour l'observateur observant l'objet quantique avec ce qui se déroule à l'extérieur de la boîte pour l'observateur observant cette interaction, on met ces deux actes d'observation au même niveau d'abstraction alors qu'ils ne le sont pas, créant ainsi un paradoxe auto-référentiel. Le problème revient donc à poser une question indécidable, à une vaine tentative théorique de « briser le quatrième mur » ;
- d'après cette analyse logique du problème de la mesure, il faut choisir entre utiliser « la théorie quantique depuis l'intérieur de la

boîte » (interprétation d'Everett) ou utiliser « la théorie quantique depuis l'extérieur de la boîte » (interprétations néo-Copenhague) ;

- d'autres approches, plus modernes, décident de mettre en pause la valse des interprétations et tentent de dériver les Tables de la loi quantique ou certaines de ces caractéristiques à partir de principes physiques simples, reposant sur la notion d'information.

5

LA TÉLÉPORTATION QUANTIQUE, OU LE DÉMON DE L'INTRICATION

« T'ai-je demandé, Créateur, de façonner mon argile en homme ?
T'ai-je sollicité de m'arracher aux ténèbres ? »
John Milton, *Le Paradis Perdu*, Livre X, v. 743-745

INVOCATION DU DÉMON DE L'INTRICATION :

« Mesurer l'une influence instantanément l'autre ! »

Dans le mythe du Golem de la mystique juive, le parchemin présent à l'intérieur de la bouche de la créature renferme le nom de Dieu, YHWH. Sa prononciation exacte relevant du sacré, le mot est ineffable : l'information qu'il contient ne peut pas être invoquée. L'histoire du monstre romantique de Frankenstein[1] conté par Mary Shelley présente de nombreuses similitudes avec celle de la créature d'argile[2]. En créant une entité mêlant perfection de la vie et horreur de la mort, Frankenstein ne parvient pas à copier parfaitement l'acte divin et ne devient alors qu'un reflet imparfait et inachevé de l'authentique défieur de dieux, Prométhée.

Ces récits trouvent écho dans le thème du « clone », essaimé à travers la littérature romanesque (*Le Double* de Fiodor Dostoïevski, 1846, *L'Anomalie* de Hervé Le Tellier, 2020), fantastique (*William Wilson* d'Edgar Allan Poe, 1839) et bien sûr en science-fiction (*The Substance* de Coralie Fargeat, 2024). Cloner de l'information classique, au niveau fondamental et en dehors de l'aspect biologique, il n'y a rien de plus simple. Une des principales propriétés de l'information classique est de pouvoir être copiée. Écrivez un message. Réécrivez-le. C'est dans la boîte. Mais qu'en est-il de l'information quantique ? Existe-t-il aussi une fonction « contrôle-C/contrôle-V » quantique ?

La réponse est… négative. Les états quantiques semblent sacrés. Toute transformation « contrôle-C/contrôle-V » hypothétiquement capable de copier-coller n'importe quelle information quantique aboutirait à une contradiction, elle ne peut donc pas exister. Ce phénomène est directement lié aux principes de finitude et de gain d'information énoncés au chapitre précédent : il découle de l'impossibilité des mesures quantiques à faire la distinction entre les phrases $|blanc\rangle$ et $|blanc\rangle + |noir\rangle$ sans les altérer. En effet, si toute l'information contenue dans un état quantique initialement inconnu pouvait être obtenue sans le modifier, on acquerrait alors une connaissance parfaite de cet état, et il serait donc possible d'en générer une copie à l'identique.

L'impossibilité de cloner l'information quantique apparaît ainsi, de prime abord, comme une contrainte théorique supplémentaire avec laquelle les scientifiques doivent jongler, venant s'ajouter aux difficultés techniques et expérimentales[3, 4].

Cette limitation fondamentale semble également briser les rêves des passionnés de science-fiction : intuitivement, on imagine que la fonction « copier-coller » est au cœur de tout protocole de « téléportation », une sorte de clonage à distance. Alors, sans « contrôle-C/contrôle-V » quantique, pas de téléportation quantique ? Pas si vite…

Comme l'indique le titre de ce chapitre, la « téléportation quantique » existe bel et bien ! Mais au lieu de cloner l'information, elle s'appuie sur le partage du hasard quantique entre deux particules inséparables : l'intrication. Quelle est sa véritable nature ? Comment permet-elle de téléporter de l'information quantique ? Est-ce parce qu'elle permettrait de communiquer plus vite que la lumière ? Spoiler : pas du tout. Au contraire, non-clonage, intrication et non-communication sont intimement liés. Pour s'en apercevoir, commençons par un peu d'histoire.

Plus vite que la lumière ?

Les origines du théorème de non-clonage quantique sont d'une complexité fascinante[5], et elles illustrent encore une fois que la plupart des récits d'idées brillantes *ex nihilo* sont des mythes. Avant de prendre forme dans l'esprit d'un individu, ces idées sont le fruit du travail d'une communauté. La paternité du théorème de non-clonage est ainsi habituellement attribuée à deux travaux indépendants : l'un signé par William Wootters et Wojciech Zurek[6], l'autre par Denis Dieks[7]. Le résultat était pourtant « connu de ceux qui connaissent bien les choses[8] », sans qu'il soit explicitement nommé ni publié[9]. Mais l'histoire ne s'arrête pas là. Les travaux de Wootters-Zurek et Dieks proviennent de la même source : ils ont tous les deux été écrits en réaction à un article, connu depuis sous le nom d'« article FLASH[10] », que le physicien Asher Peres avait recommandé de publier malgré ses erreurs[11], pariant que la provocation d'une telle décision susciterait l'intérêt de ses collègues et que la découverte des bévues conduirait à des avancées significatives en physique.

L'article FLASH est assurément peu conventionnel : l'acronyme signifie « *First Laser-Amplified Superluminal Hookup* », littéralement « première liaison superluminique amplifiée par laser », et il fait une référence directe à l'objectif de son auteur, Nick Herbert[12] : élaborer un dispositif permettant de communiquer plus vite que la lumière. Il n'en fallut pas moins à Peres pour comprendre qu'il ne tenait pas la route : depuis les travaux d'Einstein de 1905, on sait qu'il est impossible de transporter de l'information plus vite que la lumière (dans le vide), soit 299 792 458 mètres par seconde. Les mystérieuses ressources de la physique quantique ne font pas exception à la règle. Cependant, pour démontrer précisément en quoi la machine FLASH était irréalisable, une étude rigoureuse de son fonctionnement restait nécessaire. Wootters, Zurek et Dieks identifièrent la faute : une des étapes principales du protocole revenait à utiliser l'état intriqué de deux particules... et à cloner à de multiples reprises l'une d'entre elles.

Ainsi, le théorème de non-clonage peut être déduit de l'impossibilité d'exploiter l'intrication pour transmettre de l'information, une conséquence directe de la nature profonde et énigmatique de cette ressource quantique. Un mystère que nous allons examiner de plus près.

REFLET POP'

Les communications instantanées, télépathiques, « plus rapides que la lumière », sont un rêve de science-fiction bien connu, que l'on retrouve dès 1966 dans l'œuvre d'Ursula Le Guin, qui introduisit une forme de technologie de communication (quasi) instantanée, l'ansible, dans sa nouvelle *Le Monde de Rocannon* (1966), et que l'on retrouvera dans *La Main gauche de la nuit* (1969) et *Les Dépossédés* (1974). Dans les épisodes « La Chair Vivante » de la série *Doctor Who* (saison 6, épisodes 5 et 6), communication instantanée et clonage sont même étroitement liés. Le Docteur y est confronté à la Chair, un organisme artificiel, visiblement inspiré du mythe du Golem et de la créature de Frankenstein, capable de créer n'importe quel clone humain, appelé Ganger. Contrôlés à distance par télépathie, ces clones parfaits sont principalement employés pour opérer dans des environnements difficiles afin de protéger les travailleurs qui les pilotent, la mort d'un Ganger n'entraînant aucune conséquence physique pour son propriétaire. Une fois reliée à un Ganger, l'expérience est si immersive qu'un individu peut facilement se retrouver connecté sans même en être conscient. Perturbée par une tempête solaire, la Chair donnera naissance à un groupe de Gangers capables de fonctionner de manière totalement autonome, qui se rebelleront et exigeront le droit d'exister.

Partage et inséparabilité

L'intrication quantique est très souvent présentée comme un lien mystérieux unissant deux particules devenues inséparables. La moindre altération de l'une de ces particules modifierait « instantanément » sa partenaire, peu importe la distance qui les sépare. Présenté ainsi, le rêve de Herbert d'utiliser l'intrication quantique pour communiquer plus vite que la lumière, et donc téléporter instantanément de l'information, peut sembler parfaitement rationnel.

Il n'en est rien. Ce mirage d'espoir tire son origine d'une lecture naïve de la phrase quantique de l'intrication :

$$« |0\rangle \textit{ et } |0\rangle + |1\rangle \textit{ et } |1\rangle »,$$

« les deux particules sont dans l'état $|0\rangle$ *plus* les deux particules sont dans l'état $|1\rangle$ ». Il s'agit d'un état intriqué, car il est impossible de factoriser cette addition de phrases quantiques composées, de transformer le « *plus* » en « *et* », *i.e.* en composition de deux phrases quantiques séparées portant chacune sur une des particules. L'intrication, c'est cette inséparabilité (mathématique) d'états quantiques, mise en évidence pour la première fois par Alain Aspect et son équipe à l'Institut d'Optique d'Orsay dans les années 1980, et qui lui valut le prix Nobel de physique 2022 (cf. Chapitre 6).

Si l'on pose la question « Es-tu dans l'état $|0\rangle$ ou $|1\rangle$? » à l'une de ces particules, et que l'on obtient par exemple $|0\rangle$ comme réponse, alors l'autre particule est instantanément dans l'état $|0\rangle$, non ? Ce n'est (heureusement ?) pas si simple : l'usage des mots a son importance, et nous avons déjà pu voir à maintes reprises que notre langage classique est bien souvent limité quand il s'agit de traduire les phrases quantiques.

Une des subtilités ici vient par exemple de l'emploi du terme « instantané », qui ne peut pas être anodin dans le contexte d'une explication physique : tout transfert d'information instantané irait à l'encontre des nouvelles connaissances acquises sur l'espace et le temps issues de la relativité restreinte et poserait ainsi de grands problèmes de cohésion logique entre nos modèles de compréhension du monde… Mais le langage quantique dans lequel l'intrication est définie se passe généralement de toute référence aux notions spatiotemporelles, comme le remarque Alexei Grinbaum dans *Mécanique des étreintes*[13]. « Instantané » ne serait alors qu'un abus de langage issu de la difficulté de sortir de notre carcan d'analyse classique, qui nous empêche de concevoir que des éléments de réalité puissent être indissociables.

Si l'on persiste néanmoins à penser cette union quantique comme une étrange action à distance, l'instantanéité à laquelle celle-ci s'opérerait n'est pas dépourvue de conditions. En effet, si l'on obtient la réponse « $|0\rangle$ » via la mesure « $|0\rangle$ ou $|1\rangle$? » de l'une des particules, alors on sait instantanément que si une amie venait à poser la même question à l'autre particule elle obtiendrait aussi la réponse « $|0\rangle$ ». Mais pour que cette relation d'égalité soit *effective*, cette amie aurait besoin de savoir que nous avons *effectivement* posé la question « $|0\rangle$ ou $|1\rangle$? » et pas une autre, afin de la poser à son tour à sa particule. Sans cette information, l'instantanéité de l'intrication quantique n'est qu'illusoire, relevant au mieux de l'interprétation métaphysique, et sans aucune réalité pratique.

Herbert pensait pouvoir contourner cette difficulté en proposant de cloner les paires de particules intriquées, ce qui s'avère être impossible, du fait du théorème de non-clonage : par nature, l'information quantique ne peut pas être copiée. Et ainsi, par nature, l'intrication quantique ne peut pas être utilisée pour communiquer plus vite que la lumière.

Un état intriqué n'est pas un moyen de communication à utiliser pour échanger de l'information. C'est une ressource à partager, nous liant quantiquement avec une autre personne, sans avoir à échanger un mot. Il faut abandonner l'idée d'espérer l'utiliser pour « téléporter » de l'information au sens de la transférer de manière « instantanée ».

Néanmoins, en la combinant avec d'autres ingrédients, une autre forme de téléportation est possible.

REFLET POP'

Le contresens selon lequel l'intrication quantique pourrait être utilisée pour communiquer plus vite que la lumière se retrouve souvent dans la science-fiction. Dans « Le Miroir d'Ambre », dernier tome de la trilogie *À la Croisée des Mondes* de Philip Pullman, des espions lilliputiens emploient des « résonateurs magnétites » (*lodestone resonators*) qui, appariés entre eux par intrication quantique, transmettent des messages sur de très grandes distances, voire entre des mondes différents.

Le « prestige » de la téléportation quantique

Dépourvue de la notion d'instantanéité, la téléportation peut se comprendre en première approche comme un déplacement d'information d'un point A à un point B sans franchir physiquement la distance séparant ces deux points. On trouve déjà cette forme de transport désincarnée dans l'*Iliade* : la déesse Aphrodite sauve *in extremis* Paris de l'épée de Ménélas en l'enveloppant d'un épais brouillard et en le déposant dans sa chambre[14]. Mais qui dit téléportation dit surtout science-fiction, et en particulier *Star Trek* : dans la célèbre série des années 1960, l'équipage de l'*USS Enterprise* fait usage de téléporteurs grâce auxquels on voyage du vaisseau spatial à la planète à explorer sans atterrir. Le mystérieux nuage d'Aphrodite a laissé place à un processus de dématérialisation/rematérialisation. Après un scanner et un enregistrement de sa structure, l'objet ou la personne à téléporter est converti en rayonnement et envoyé sur la destination, où il est ensuite reconverti en matière à partir des informations précédemment scannées. Ce type de téléportation pose diverses questions d'ordre métaphysique, sur la notion d'identité notamment. Le philosophe Derek Parfit proposait ainsi une expérience de pensée similaire[15], dite « paradoxe de télétransportation » : imaginez un appareil qui vous endorme, scanne les données qui vous composent, déconstruise votre corps en atomes puis transmette les données scannées sur une autre planète. Sur cet autre monde, une machine vous reconstitue à partir des réserves atomiques locales, replaçant chaque particule qui vous constitue à son endroit, mais avec un matériel extraterrestre tout neuf. Ce dispositif est-il véritablement un moyen de transport, ou se contente-t-il de créer une copie de l'utilisateur après suppression de l'original au préalable ? Mais, malgré quelques clins d'œil (dénués de sens) à la physique des particules, cette téléportation fictive « à la Star Trek » n'a pas grand-chose à voir avec son homologue quantique.

La téléportation quantique[16] consiste à transférer un qubit quelconque inconnu, une phrase nommée $|\psi\rangle$ (« $|psi\rangle$ ») du laboratoire d'Alice à celui de Bob (ces deux prénoms reviennent souvent en cryptographie), sans utiliser de canal de communication quantique direct qui transmettrait une particule quantique de l'un à l'autre. Pour s'échanger le qubit, les deux individus vont passer par un intermédiaire : un couple de particules préalablement intriquées (« $|0\rangle$ *et* $|0\rangle + |1\rangle$ *et* $|1\rangle$ ») dont chacun possède une partie (les particules sont respectivement nommées A et B). Pour arriver à leurs fins, Alice et Bob ont aussi à leur disposition un canal de communication classique (par exemple, une bonne vieille ligne de téléphone). Alice a donc en sa possession deux qubits : le qubit à téléporter $|\psi\rangle$ et sa partie A de la paire intriquée. À la fin du protocole, Bob souhaite retrouver son propre qubit B dans ce même état $|\psi\rangle$.

Le fonctionnement de la téléportation est le suivant : Alice effectue une mesure jointe sur l'état à téléporter $|\psi\rangle$ et la particule A, en leur posant la question : « Comment êtes-vous intriqués ? » Bien sûr, avant cette mesure, ces deux états n'étaient aucunement liés. Ils n'étaient pas intriqués. Mais c'est là toute l'astuce : en leur posant la question « Comment êtes-vous intriqués ? », on les oblige à nous répondre… qu'ils sont devenus intriqués ! La réponse est donnée aléatoirement parmi quatre formes d'intrication différentes, par exemple « nous sommes parfaitement corrélées » (elles sont toujours dans le même état, $|0\rangle$ *et* $|0\rangle + |1\rangle$ *et* $|1\rangle$) ou encore « nous sommes parfaitement anti-corrélées » (elles sont toujours dans un état opposé, $|0\rangle$ *et* $|1\rangle + |1\rangle$ *et* $|0\rangle$). À la suite de cette comparaison forcée, qui détruit par ailleurs l'état $|\psi\rangle$ original, Alice communique à Bob par WhatsApp la réponse obtenue. Dans le cas où le qubit à téléporter et la particule A ont répondu qu'ils étaient « parfaitement corrélés », et comme la particule A était parfaitement corrélée avec celle de Bob par intrication, Bob n'a besoin de rien faire à sa particule B : la téléportation a eu lieu, il sait qu'elle est dans l'état $|\psi\rangle$. Dans les autres cas, il devra effectuer une simple correction afin de s'assurer que la particule B est bien dans l'état $|\psi\rangle$ (par exemple, si le qubit à téléporter et la particule A ont répondu « nous sommes parfaitement anti-corrélées », il lui suffit de changer la valeur de son qubit).

Une analogie naïve de ce protocole de téléportation d'information quantique avec de l'information classique pourrait par exemple consister en un fax où l'original est détruit (en somme, un « couper-coller ») : après avoir copié l'information classique à téléporter, Alice enverrait la copie à Bob et détruirait l'original, par imitation du principe de non-clonage. On retrouve ce simulacre de téléportation dans le roman de science-fiction de Christopher Priest *Le Prestige* (1995), aussi connu via son adaptation cinématographique par Christopher Nolan en 2006, qui raconte la rivalité entre deux prestidigitateurs, Borden et Angier, dans l'Angleterre de la fin du XIXe siècle. Borden développe un numéro baptisé « Le Nouvel Homme téléporté », donnant l'impression qu'il se déplace d'une armoire fermée à une autre en un clin d'œil, sans apparemment traverser l'espace intermédiaire. (Attention spoilers !) Après maints conflits suscités par l'envie et la jalousie, Angier s'offre finalement les services de Nicolas Tesla, qui lui confectionne une machine au cœur de son propre numéro de téléportation, appelé « En un Flash ». Le dispositif de Tesla consiste à produire une réplique physique identique de l'individu à téléporter, en un lieu précis. La conscience de l'original est immédiatement transmise dans cette copie. Angier doit alors trouver un moyen de dissimuler ses corps pré-téléportations, coquilles vides qu'ils appellent « les prestiges ».

Toutefois, en physique quantique, pas de copie, pas de dilemmes de conscience, ni de crises existentielles. La téléportation quantique consiste simplement à transporter un état quantique. Vous n'êtes pas un état quantique. La téléportation quantique ne s'applique donc pas à vous (… désolé). Et, comme nous allons le découvrir très bientôt, elle n'est peut-être pas aussi étrange qu'elle en a l'air[17].

Les secrets de la téléportation classique

Pour cela, revenons un moment en arrière, plus précisément aux conséquences du théorème de non-clonage. Qu'il soit impossible de cloner l'information quantique n'est peut-être pas une si mauvaise nouvelle qu'il n'y paraît. En y réfléchissant, si une chose ne peut pas être copiée, n'est-elle pas, par la même occasion… protégée ? Dans un article précurseur (Bibliographie 14, Chapitre 1), Stephen Wiesner, chercheur à l'université Columbia à New York, suggérait déjà l'idée d'une monnaie quantique[18], impossible à contrefaçonner. Ses travaux inspirèrent Charles Bennett et Gilles Brassard qui proposèrent, en 1984, le premier protocole de cryptographie quantique, « BB84 » (Bibliographie 15, Chapitre 1) – la cryptographie étant « l'art d'échanger des messages secrets entre deux interlocuteurs distants[19] », comme l'explique Eleni Diamanti, fer de lance de la cryptographie quantique en France.

La sécurité des méthodes cryptographiques classiques repose principalement sur l'hypothétique difficulté pour nos technologies modernes de résoudre certains problèmes mathématiques. Ce type de garantie a des limites, comme nous avons pu le voir avec l'algorithme de Shor : des technologies futures capables de résoudre ces problèmes efficacement pourraient mettre en danger la sécurité des protocoles cryptographiques actuels. Si la puissance de calcul supposée d'un espion cherchant à intercepter nos communications augmente, les protocoles de sécurité ne seront plus sûrs.

Il existe néanmoins des méthodes qui ne reposent pas sur une puissance de calcul présumée, mais qui sont sécurisées par nature, inconditionnellement[20]. Claude Shannon[21], le père de la théorie de l'information classique, avait démontré qu'un protocole de chiffrement (appelé « masque jetable » [en anglais « *one-time pad*[22] »]) était inconditionnellement sécurisé, à condition que la clé soit aléatoire, à usage unique, et qu'elle soit délivrée de façon sécurisée entre crypteur et décrypteur. Et c'est là qu'intervient la cryptographie quantique, qui consiste notamment à chercher des protocoles de partages de clé entre un expéditeur et un destinataire permettant d'atteindre une sécurité inconditionnelle. En suivant ces règles, deux personnes peuvent échanger les secrets les mieux gardés de l'Univers, car protégés par les lois de la physique quantique elle-même[23]. Le protocole nommé BB84 a été le premier à voir le jour, et il en existe aujourd'hui bien d'autres. La recherche en « QKD » (*Quantum Key Distribution*) est toujours en plein essor !

Pourquoi cette parenthèse cryptographique ? Tout simplement parce que le fameux « masque jetable », protocole de chiffrement mentionné ci-dessus, s'apparente à une véritable procédure de téléportation classique. Imaginez qu'Alice souhaite téléporter un bit noté *m* dont elle ne connaît pas la valeur exacte (0 ou 1) à Bob. Dans ce but, Alice et Bob partagent en plus deux enveloppes *privées* et scellées, dont ils ignorent le contenu exact mais savent qu'il est identique : elles contiennent toutes les deux un bit de valeur 0 ou toutes les deux un bit de valeur 1. Alice effectue une mesure comparée du contenu de son enveloppe et de *m*, en posant la question « Sont-elles identiques ou différentes ? » (c'est l'étape de détection d'erreurs : si elles sont identiques, rien à changer. Si elles sont différentes, il y a une « erreur »). Elle communique ensuite la réponse à Bob par téléphone sur une ligne *publique* (c'est-à-dire non sécurisée). Si elle lui indique que *m* et le bit de son enveloppe sont de même valeur, Bob n'a rien à faire : il sait que son enveloppe contient l'information *m*. Si elle lui indique que *m* et le bit de son enveloppe sont différents, Bob sait qu'il doit simplement inverser le contenu de son enveloppe pour obtenir *m* (autrement dit, Bob « corrige l'erreur »).

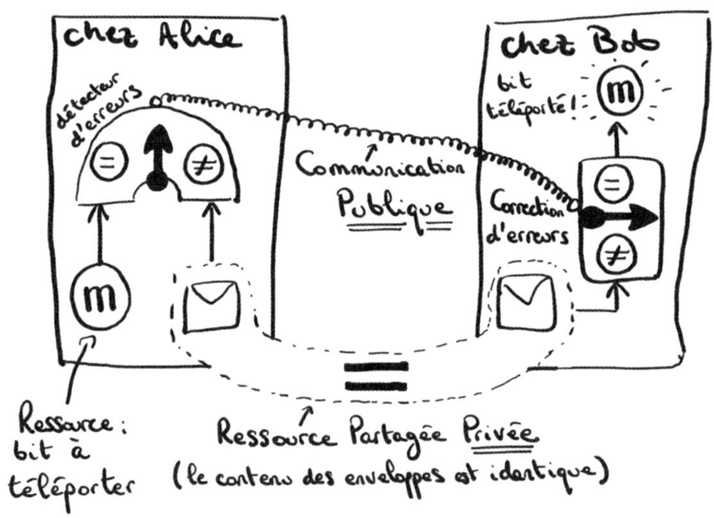

Protocole de téléportation classique
("One-Time Pad")

Il peut sembler un peu étrange d'appeler cela de la téléportation. Et, après tout, si Alice désire transmettre le bit *m* à Bob, pourquoi ne le fait-elle tout simplement pas au téléphone ? Ce que l'on désigne par « téléportation », ici et dans le cas de la téléportation quantique, n'a pas effectivement grand-chose à voir avec le transport instantané ou délocalisé. La clé de la notion de téléportation, c'est de pouvoir transférer de l'information d'une certaine nature via la communication d'information d'une nature différente. Dans le cas du masque jetable, tout est information classique, certes. Mais le bit *m* à téléporter est *privé* : seule Alice y a accès, et elle souhaite que *m* reste une information privée entre elle et Bob. Elle ne peut donc pas le lui communiquer directement, toute liaison pouvant être en principe interceptée par un espion. Néanmoins, grâce au protocole du masque jetable, elle peut tout de même faire parvenir *m* à Bob de façon parfaitement sécurisée, en lui transmettant publiquement le résultat de sa comparaison entre *m* et le contenu de son enveloppe. C'est en cela qu'il s'agit d'une téléportation classique. Dans le cas de la téléportation quantique, Alice parvient à transmettre de l'information quantique $|\psi\rangle$, via la communication d'information classique. L'information à transférer et l'information communiquée sont donc bien elles aussi de nature différente. Voici le véritable pouvoir de la téléportation !

« Dessine-moi un[e téléportation de mon] mouton ! »

Ce pouvoir n'est pas resté très longtemps un fantasme théorique : peu après sa conceptualisation, il s'est rapidement matérialisé dans le monde réel grâce à des avancées expérimentales majeures. Anton Zeilinger, chercheur à l'Institut d'Optique quantique et d'Information quantique de Vienne et prix Nobel de physique 2022, est connu pour être l'un des pionniers de la réalisation pratique de téléportation quantique. En 1997, son groupe de recherche fut notamment l'un des premiers à téléporter un qubit entre deux photons intriqués[24]. En 2012, il établit un record de distance de téléportation quantique terrestre à l'air libre, en réalisant le protocole entre deux îles Canaries, soit sur une distance de plus de cent quarante-trois kilomètres. « Terrestre », car le véritable record actuel est détenu depuis 2017 par l'équipe de Jian-Wei Pan de l'Université des Sciences et Technologie de Shanghai, qui a réalisé une téléportation de qubit à l'aide d'une paire de photons intriqués entre un laboratoire et… un satellite en orbite à plus de mille quatre cents kilomètres ! L'intérêt d'une telle folie des grandeurs ? En plus de transmettre de l'information quantique de manière ultra sécurisée, la téléportation quantique (plus précisément, la téléportation d'un état intriqué) est à la base de l'élaboration de dispositifs essentiels pour éviter la perte de signal sur de très longues distances. Leur mise en place est un enjeu fondamental de la recherche en cours, puisqu'elle permettrait le développement de réseaux de calcul et de communications quantiques reposant sur une véritable « toile » d'états intriqués : l'Internet quantique.

La magie de la téléportation quantique est finalement moins étrange et compliquée qu'elle en a l'air. Elle pourrait peut-être même être dessinée à un enfant…, et ceci n'est pas une blague ! En se basant sur la notion mathématique de « catégorie monoïdale » (un mot qui fait très peur pour des concepts très intuitifs[25]), Bob Coecke et son équipe ont montré qu'il était possible de formuler le langage de la théorie quantique sous la forme de diagrammes connectés par des câbles, rendant l'enseignement des règles de calcul quantique enfantin, et permettant ainsi de mettre la téléportation quantique en dessin à travers une petite histoire, inspirée d'un conte bien connu.

***

Vous vous réveillez brusquement au cœur d'un désert aride, sous une chaleur oppressante. Que vous est-il arrivé ? Vos souvenirs émergent peu à peu. Tel un « Ganger » de *Doctor Who*, vous avez subi une téléportation forcée en sortant de la boîte. Cette réalisation déclenche une angoisse glaçante : si vous êtes ici, qui ou quoi s'est effondré face au Golem ? Était-ce réellement vous, ou bien une entité différente, un mime fait de poussières ? Et si vous n'étiez qu'une copie, votre véritable vous ayant sombré dans les abîmes du néant ? Et qu'en est-il du Golem lui-même ? A-t-il dérobé votre reflet pour devenir un autre vous ? Quel est ce vous finalement ? Même si vos données semblent intactes, votre être n'était-il pas, au moins en partie, attaché à vos constituants d'origine ? L'épuisement métaphysique s'apprête à vous faire sombrer quand, soudain, une petite voix vous sort de la torpeur :

— S'il te plaît… téléporte mon mouton.

Vous sautez sur vos pieds comme si la foudre vous était tombée dessus. Un petit bonhomme vous fait face et vous considère gravement.

— Que fais-tu là, perdu en plein milieu du désert ?

Il ignore votre question et répète, très sérieusement :

— S'il te plaît… téléporte mon mouton.

L'absurdité de la situation atteint son paroxysme lorsqu'après avoir déposé un stylo dans vos mains, il vous tend… votre livre ouvert à la page 111, sur le dessin suivant :

— Téléporte mon mouton.

Il vous explique alors que son mouton quantique $|\psi\rangle$ est endormi dans la caisse « ici » et qu'il souhaite le transférer sur « sa planète ». Le problème est qu'il ne peut pas ouvrir la caisse :

— Ça risquerait de le réveiller et de le rendre classique ! Les moutons classiques, $|0\rangle$ ou $|1\rangle$, c'est trop ennuyeux…

La caisse dispose néanmoins d'une « tête de sortie quantique ». Connectée à une ressource adéquate, elle permet de faire sortir le mouton de la boîte, sans altérer sa nature. Mais quelle ressource ? Après quelques instants de réflexions, puisant dans vos souvenirs de jeunesse, une image apparaît dans votre esprit, et vous griffonnez sur votre livre :

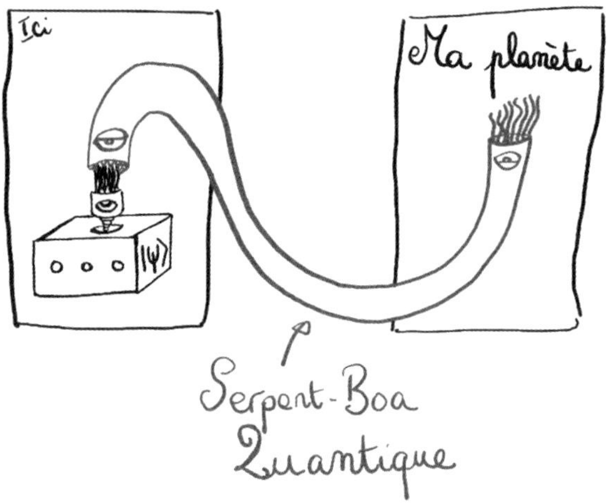

Vous exposez votre idée :

— C'est un boa quantique. Une espèce de serpent très spécial[26] avec une tête d'entrée qui avale sa proie tout entière sans la mâcher, et une tête de sortie qui la recrache sans la détériorer. Si on connecte sa tête d'entrée à la porte de sortie de la caisse, et que l'on positionne sa tête de sortie sur ta planète, ton mouton quantique pourra être transféré !

Après un moment de réflexion, le garçon vous soumet son verdict :

— Non, non, je ne veux pas d'un boa quantique. Un boa c'est très dangereux. Et chez moi, c'est tout petit. Je n'aurai sans doute pas la place de l'accueillir…

Un bref silence. Il poursuit :

— En revanche, je partage une paire de moutons intriqués avec ma Rose, qui m'attend sur ma planète. Ces moutons peuvent-ils nous aider ?

Il tend à nouveau le livre, dans lequel figure le dessin suivant :

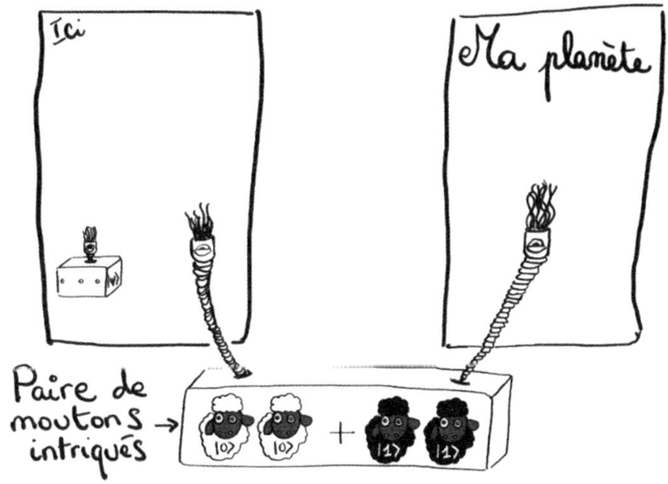

Une boîte contenant la paire de moutons intriqués « |0⟩ *et* |0⟩ + |1⟩ *et* |1⟩ », est partagée entre « ici » et la « planète » du garçon via deux têtes de sorties quantiques, chacune reliée à un des deux endroits. Vous réfléchissez un moment et remarquez la particularité suivante : si les moutons à l'intérieur de la boîte sont parfaitement corrélés, s'ils sont parfaitement identiques, cette boîte ne serait-elle pas équivalente à une sorte de serpent-boa à deux têtes de sorties ?

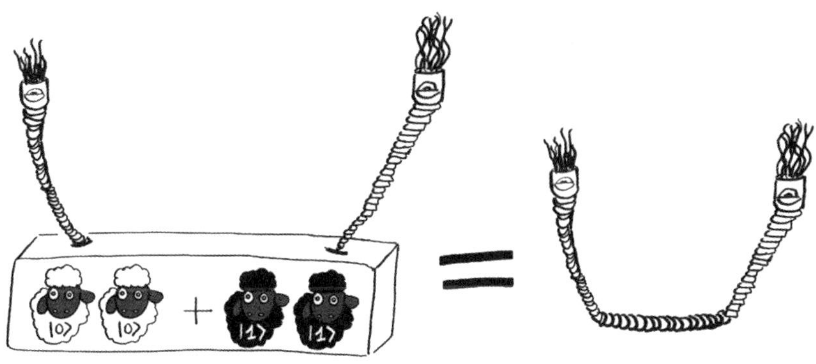

Il vous vient alors l'idée d'essayer de reproduire la forme et l'effet de votre première idée de serpent-boa quantique en connectant la paire de moutons intriqués au mouton $|\psi\rangle$ à transférer, de la manière suivante :

Vous tendez fièrement votre œuvre au petit bonhomme… qui éclate de rire.

— Qu'est-ce que c'est que ça ?, vous demande-t-il, hilare.

— Et bien, un serpent-boa quantique… à deux têtes d'entrée ?

— Mais voyons, ça n'existe pas ! Les créatures quantiques à têtes d'entrée ne se trouvent jamais comme ça dans la nature. Elles apparaissent toujours comme réponses à la suite d'une question, posée par un instrument de mesure. Et ces réponses sont le fruit d'un processus aléatoire : il est donc impossible de forcer l'instrument à répondre par ce serpent-boa spécifique.

Ayant compris la leçon, vous refaites votre dessin :

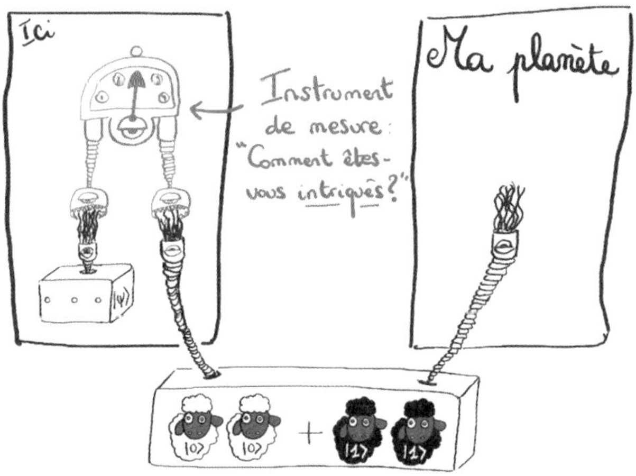

Vous expliquez au garnement que la première réponse possible à l'instrument de mesure, qui pose la question « Comment êtes-vous intriqués ? » au mouton $|\psi\rangle$ et au mouton de la paire intriquée qui se trouve ici, est « nous sommes parfaitement corrélés », qui est équivalente au serpent-boa quantique à deux têtes d'entrée que vous aviez dessiné.

Son visage s'illumine… et s'éteint aussitôt.

— Je sens qu'on y est presque ! Mais il manque quelque chose… Comment ma Rose, censée réceptionner $|\psi\rangle$ sur ma planète, peut-elle savoir si c'est effectivement cet état de mouton quantique qu'elle récupère, si elle ne sait pas quelle réponse est donnée à l'instrument de mesure ? Il pourrait bien s'agir de $|\psi\rangle$ avec une chance sur quatre, mais aussi d'un mouton altéré avec trois chances sur quatre…

Vous lui proposeriez bien de cloner les paires de moutons intriqués, mais vous savez que c'est impossible. Vous lui demandez :

— As-tu un moyen de contacter ta Rose ?

— Je peux lui téléphoner, oui.

— Parfait !

Vous dessinez alors les instructions finales :

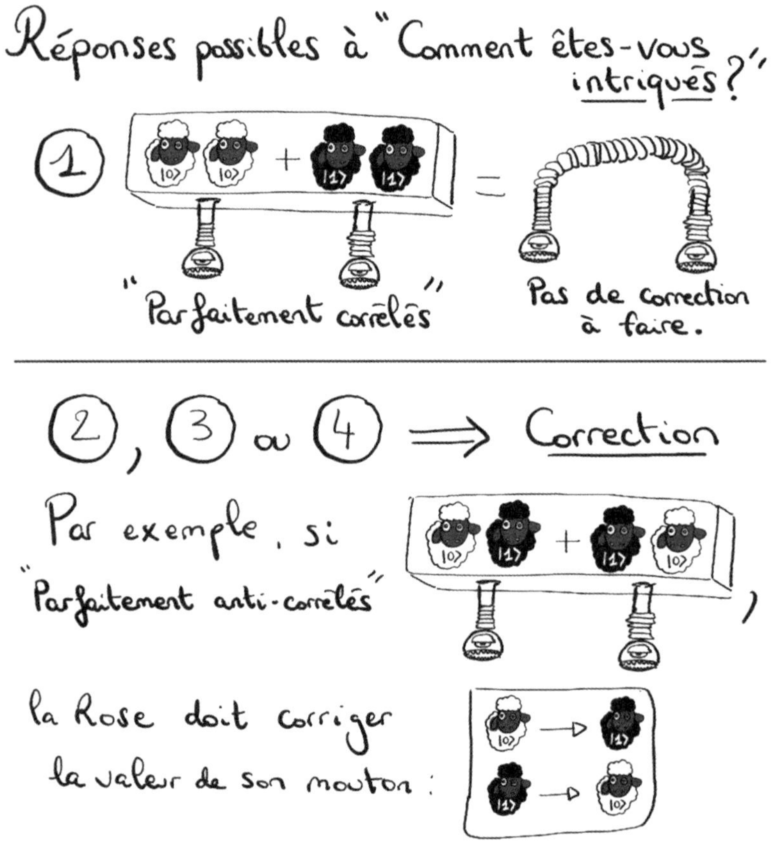

— Il te suffit alors de communiquer le résultat de mesure à ta Rose par téléphone ! Si elle fait passer le mouton de la paire intriquée qu'elle reçoit à travers une boîte de correction qui le modifie en suivant ces indications, alors le mouton $|\psi\rangle$ se trouvera bien sur ta planète !

Vous complétez le dessin du protocole, à présent complet :

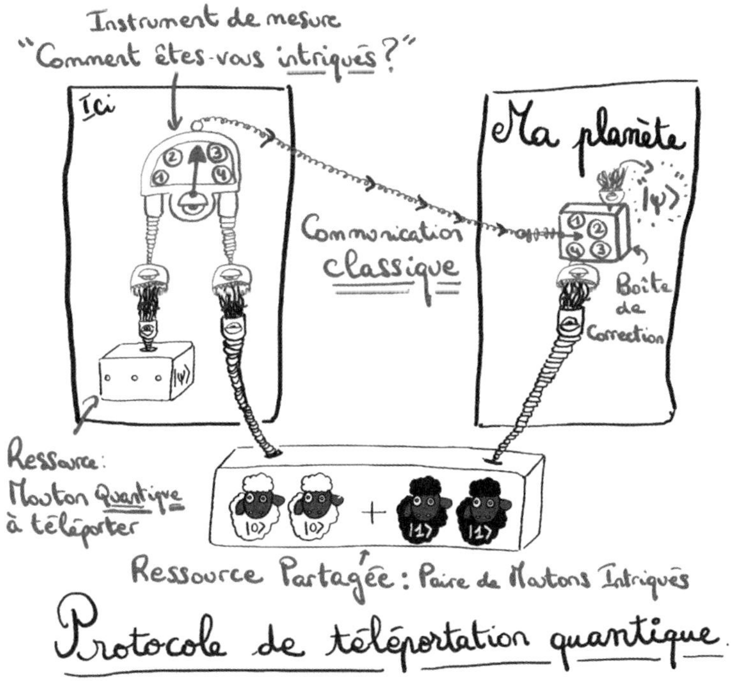

Le petit bonhomme saute de joie, ravi.

— C'est tout à fait ça que je voulais !

Il vous remercie en riant de bon cœur. Puis, soudainement, il reprend, d'un air très sérieux :

— Il est temps de rentrer maintenant.

Il vous gratifie d'un dernier sourire innocent, lève les yeux et les bras au ciel et s'exclame :

— Je suis prêt !

La scène ne dure qu'un instant. Vous avez à peine le temps de voir une forme s'enrouler autour de sa cheville, « comme un bracelet d'or ». Il disparaît dans les dunes, parti rejoindre sa planète et sa Rose, vous laissant à nouveau, solitaire, au milieu du désert.

Solitaire ? Pas tout à fait. Vous gardez toujours sur vous votre exemplaire de *De l'autre côté du miroir quantique*. Vous reprenez votre lecture en marchant. Le démon de l'intrication vaincu, place à présent à celui de la non-localité… Sans vous en rendre compte, votre marche devient régulière. Les dunes résonnent en écho à vos pas quand, soudain, le sol se dérobe à nouveau. Lorsque vous comprenez ce qui se trame, il est déjà trop tard. En un instant, vous chutez à l'intérieur de la gueule béante du serpent-boa.

EXORCISME DU DÉMON DE L'INTRICATION

Y a-t-il vraiment une « influence instantanée » lorsque l'on mesure un état intriqué ? La réalité est un peu plus subtile que cela... Dans ce chapitre, nous avons découvert que :

- bien que la composition de deux « phrases quantiques » puisse s'écrire « |*mon mouton blanc*⟩ *et* |*ton mouton blanc*⟩ », parfois, il est impossible de « factoriser » une addition de phrases quantiques composées (transformer un « *plus* » en « *et* »). C'est le cas par exemple de « |*mon mouton blanc*⟩ *et* |*ton mouton blanc*⟩ + |*mon mouton noir*⟩ *et* |*ton mouton noir*⟩», qui ne peut pas être écrit sous la forme « |*mon mouton...*⟩ *et* |*ton mouton...*⟩ ». Cette phrase quantique est mathématiquement non-séparable : c'est un « état intriqué » ;
- l'intrication quantique entre deux particules très éloignées l'une de l'autre ne permet pas de communiquer plus vite que la lumière. L'intrication n'est pas un moyen de communication, mais une ressource de partage d'information quantique. Autrement dit, Alice ne peut pas s'en servir pour envoyer directement de l'information à Bob. En revanche, Alice et Bob peuvent partager ensemble un état intriqué et s'en servir pour effectuer certaines tâches ;
- le théorème de non-clonage, qui stipule qu'il est impossible de copier de l'information quantique, est né d'une démonstration que l'intrication ne peut pas être utilisée pour des communications supraluminiques.
- la téléportation quantique permet à Alice de transférer de l'information quantique à Bob via une communication d'information classique, lorsqu'ils partagent un état intriqué. Elle est un ingrédient essentiel à de nombreux protocoles d'information quantique, et notamment au développement d'un « Internet quantique ».

6

LE THÉORÈME DE BELL, OU LE DÉMON DE LA NON-LOCALITÉ

« Lorsque vous séparez une particule enchevêtrée
et que vous éloignez les deux parties l'une de l'autre,
même aux extrémités opposées de l'univers,
si vous modifiez ou affectez l'une,
l'autre sera identiquement modifiée ou affectée.
Étrange. »

Only Lovers Left Alive, réalisé par Jim Jarmsuch, 2013

INVOCATION DU DÉMON DE LA NON-LOCALITÉ :

« Einstein avait tort, Bohr avait raison ! »

Octobre 1927. Bruxelles. La crème de la crème de la physique est réunie pour une série de conférences sur le thème « Électrons et photons ». Le congrès est souvent présenté comme l'arène d'un grand duel intellectuel entre Einstein et Bohr. Tandis qu'Einstein est attaché à développer la théorie quantique dans la continuité de la physique classique, où causes et conséquences des phénomènes sont clairement établies et exposées indépendamment de tout acte d'investigation scientifique, Bohr est prêt à envoyer voler en éclat les rêves icariens[1] d'une physique aux prétentions divines, en défendant l'idée qu'elle est inéluctablement limitée par le langage humain. On imagine les deux grands « monstres » de la physique s'apostropher d'un bout à l'autre d'un amphithéâtre au cours d'une lutte cérébrale passionnée : « Dieu ne joue pas aux dés ! », aurait déclaré Einstein, convaincu que la théorie quantique, encore incomplète à ses yeux, ne pouvait reposer sur un hasard fondamental. Ce à quoi Bohr aurait répondu : « Qui êtes-vous, Einstein, pour dire à Dieu ce qu'il doit faire ? » Contrairement à la légende, cet épisode fantasmé d'un grand « débat Bohr-Einstein » n'a en fait tout simplement pas eu lieu[2]. Néanmoins, au cours de la session de discussions générales de la conférence, Einstein présente une expérience de pensée dans laquelle il démontre que, si la théorie quantique est correcte, il existe alors une forte tension entre une certaine forme de « *localité* » – l'idée que la physique devrait représenter une réalité dans le temps et dans l'espace dépourvue de toute *« action fantôme à distance*[3] » – et le fait qu'un état quantique décrit entièrement la réalité qui lui est associée, autrement dit que la théorie quantique est « *complète* ».

L'expérience de pensée de 1927 d'Einstein ne marquera pas les esprits de l'époque[4]. Un autre de ses travaux, signé aux côtés de Boris Podolsky et Nathan Rosen et publié le 15 mai 1935 dans le journal *Physical*

Reviews, trouvera bien plus de retentissement. Intitulé « La description quantique de la réalité physique peut-elle être considérée comme complète ?[5] », l'article postule le *critère de réalité* suivant : « Si, sans perturber de quelque manière que ce soit un système, nous pouvons prédire avec certitude (c'est-à-dire, avec une probabilité égale à l'unité) la valeur d'une grandeur physique, alors il existe un élément de réalité physique correspondant à cette grandeur physique. » Dans une nouvelle expérience de pensée impliquant un couple de particules quantiques intriquées, et en supposant implicitement le principe de « localité », il démontre que certaines de leurs propriétés physiques ne satisfont pas le critère de réalité postulé ; et il conclut donc que la théorie quantique serait incomplète. C'est le fameux *paradoxe d'Einstein-Podolsky-Rosen (EPR)*[6, 7].

Le 15 octobre 1935, cinq mois après la publication de l'article EPR, Bohr publiera sa contre-attaque – dans laquelle il critique principalement le « critère de réalité » qu'il juge ambigu – sous le même titre et dans le même journal. Mais, jugés trop philosophiques par leurs pairs, ces débats autour de la tension entre localité et complétude de la théorie quantique resteront silencieux par la suite… jusqu'en 1952.

Telles sont les prémisses historiques de la découverte des fameuses influences quantiques « *non locales* » – qui valut le prix de Nobel de physique 2022 à Alain Aspect, John Clauser et Anton Zeilinger, un des résultats les plus étranges et fondamentaux de la physique moderne, parfois qualifié de « métaphysique expérimentale[8] » et souvent mécompris « plus vite que la lumière ».

REFLET POP'

« Laisse-moi deviner, il s'est transformé en bébé ? C'est le paradoxe EPR. Au lieu de pousser Lang à travers le temps, vous avez peut-être fini par pousser le temps à travers Lang », rétorque Tony Stark (aka Iron Man) dans le film *Avengers Endgame* (2019) à la suite de tentatives de voyages temporels ratés. Vous vous doutez bien que le paradoxe EPR n'a rien à faire là, il s'agit ici d'un bel exemple (catastrophique) de « *quantum washing* » (usage abusif du vocabulaire de la physique quantique à des fins marketing). Il existe néanmoins une hypothèse de travail, formulée par les physiciens Leonard Susskind et Juan Maldacena[9], selon laquelle deux particules intriquées seraient reliées par un certain type de « trou de ver » appelé « pont d'Einstein-Rosen (ER) », hypothétique structure exotique qui serait une sorte de tunnel entre deux régions spatio-temporelles (que l'on retrouve par exemple dans le film *Interstellar* de Christopher Nolan (2014)), et qui pourrait permettre de faire voyager de l'information dans le temps. Dans le cadre de cette conjecture ER = EPR, la téléportation quantique deviendrait par exemple une simple communication d'information quantique à travers... un trou de ver[10].

« J'ai vu l'impossible être réalisé. »

En 1952, à la suite d'une discussion avec Einstein et à la lecture d'un mystérieux article soviétique, le physicien américain David Bohm[11] redécouvre la « théorie de l'onde pilote de de Broglie », qu'il nomme « interprétation causale[12] ». Celle-ci propose de compléter le formalisme mathématique quantique avec des « *variables cachées* », des phrases supplémentaires qui permettraient de décrire les positions des particules dans l'espace et dans le temps, absentes de la théorie quantique standard. Cependant, cette théorie « complète » *semble* impliquer une forme d'influence instantanée entre particules éloignées et est donc incompatible avec l'hypothèse de localité[13]. Autrement dit, elle est « non locale ».

Quelques années plus tard, dans un article intitulé « Discussion d'une preuve expérimental pour le paradoxe d'Einstein, Rosen et Podolsky[14] », Bohm, s'inspirant de son interprétation, énonce clairement que l'argument EPR suggère l'existence de *nouvelles formes de corrélations* entre les propriétés de particules distantes, et que celles-ci ont déjà été mises en évidence par une expérience (consistant à créer des paires de photons intriqués par annihilation de paires électron/positron) réalisée par la physicienne Chien-Shiung Wu[15] et son étudiant Irving Shaknov, offrant « la première preuve empirique claire que les aspects de la théorie quantique discutés par Einstein, Rosen et Podolsky représentent des propriétés réelles de la matière[16] », et préfigurant les expériences révolutionnaires de Clauser, Aspect et Zeilinger.

Toutes les pièces sont en place. À la lecture des travaux de Bohm, le jeune physicien nord-irlandais John Bell déclarera avoir « vu l'impossible être réalisé[17] ». Car depuis la fixation du formalisme de la théorie quantique par von Neumann au début des années trente, et en dépit des protestations d'Einstein, l'impossibilité de compléter la théorie quantique avec des variables supplémentaires cachées semble unanimement admise. Cet apparent consensus se base notamment sur une preuve formelle de von Neumann, qui démontre que « [l'introduction de variables cachées] sera difficilement possible de manière satisfaisante[18] ». Alors, comment se fait-il que Bohm y soit parvenu ?

Une décennie plus tard, Bell n'a pas oublié les résultats l'ayant « tiré de son sommeil dogmatique ». Devenu physicien au CERN à Genève, il peut enfin se pencher plus en détail sur les fondements quantiques. À l'été 1964, Bell soumet le manuscrit d'un article démontrant de façon claire la possibilité de compléter la théorie quantique avec des variables cachées[19], ne manquant pas de qualifier la preuve de von Neumann de « stupide[20, 21, 22] ». Mais il ne s'agit que de la première étape. Inspiré par l'article de Bohm et Aharonov de 1957, Bell s'attaque ensuite à l'article EPR, qui défendait l'idée que la théorie quantique devait être complétée par des variables additionnelles « afin de restaurer causalité et localité » (ce qui n'est pas le cas de la théorie de De Broglie-Bohm, fortement non locale du fait de ses mystérieuses influences à distance). Dans un second papier (bien plus célèbre que son aîné), sobrement intitulé *Sur le paradoxe EPR*[23], Bell effectue alors une mathématisation de l'argumentaire métaphysique du trio Einstein, Podolsky et Rosen, et articule ce qui sera plus tard connu sous le nom de *théorème de Bell*.

Le résultat s'exprime sous la forme d'une borne mathématique, dite *inégalité de Bell*. Que dit-il en substance ? Que si les statistiques produites à partir des données d'une expérience impliquant deux particules distantes sans interactions révèlent un niveau de corrélation dépassant une certaine limite, alors ces liens n'ont *pas d'explication causale classique*. Autrement dit, l'observation de corrélations trop élevées en l'absence d'interaction directe trahit l'existence d'un phénomène qui échappe à nos modèles de compréhension traditionnels. Cela ne veut pas dire qu'elles sont absurdes ou dénuées de sens, mais plutôt qu'elles défient notre logique classique, nous obligeant à admettre que, de notre point de vue, elles sont définitivement étranges. Et, ce que le théorème de Bell démontre, c'est que si les particules distantes utilisées pour l'expérience sont parfaitement intriquées, la limite classique est dépassée. C'est cette *violation d'inégalité de Bell* qui est généralement sous-entendue (par abus de langage) derrière le terme « non-localité quantique ».

Nous reviendrons plus en détail sur les implications métaphysiques profondes du résultat de Bell prochainement. Mais avant cela, nous devons relever un défi majeur : comment représenter un résultat qui, par nature, semble défier toute représentation ? La solution, plus accessible qu'il n'y paraît, se trouve… dans un simple coloriage.

Le jeu CHSH

Imaginons le jeu suivant : Alice et Bob ne peuvent pas communiquer entre eux, mais ils partagent une ressource commune. Chacun pose une question parmi deux possibles (question 0 ou question 1) à sa part de ressource, qui répond par « oui » ou « non ». Les réponses sont collectées, et le processus est répété avec une nouvelle ressource, identique à la précédente. Ce scénario est reproduit de nombreuses fois, puis on analyse les données obtenues. Le but du jeu – appelé jeu « CHSH » (Clauser, Horne, Shimony et Holt[24]) – est de trouver une ressource partagée et des paires de questions qui permettent à Alice et Bob, sans qu'ils puissent communiquer entre eux, d'obtenir des réponses toujours identiques, sauf lorsqu'ils posent tous les deux leur question 1, auquel cas leurs réponses doivent être différentes.

La logique du jeu CHSH peut être représentée de manière visuelle : les réponses aux questions 0 et 1 d'Alice sont symbolisées par des triangles, celles de Bob par des ronds. Une réponse « oui » revient à colorier le symbole associé en noir, une réponse « non » à le colorier en gris. Les corrélations requises par le jeu CHSH sont représentées par des lignes reliant un triangle à un rond : des lignes pleines pour des réponses identiques, et une ligne pointillée pour des réponses différentes (*i.e.* reliant le triangle 1 et le rond 1). Une question se pose alors : existe-t-il un coloriage qui respecte toutes les corrélations CHSH ?

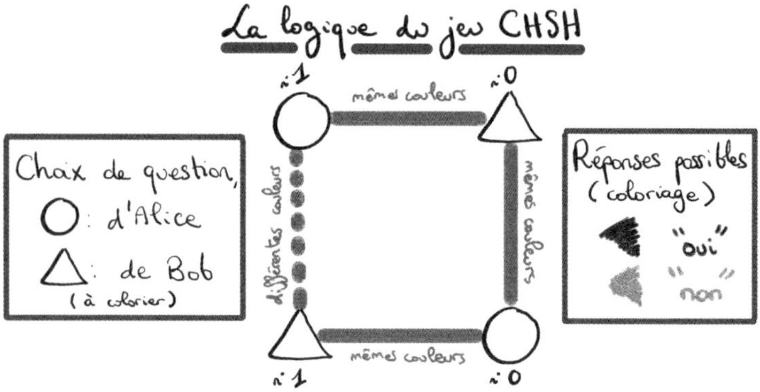

Il est facile de constater qu'une telle tâche est impossible avec un coloriage suivant notre « logique classique* ». Commencez par colorier le symbole de votre choix d'une couleur, et suivez simplement les corrélations demandées (traits pleins ou trait pointillé). Vous constaterez qu'au mieux vous ne pourrez respecter que trois corrélations sur quatre.

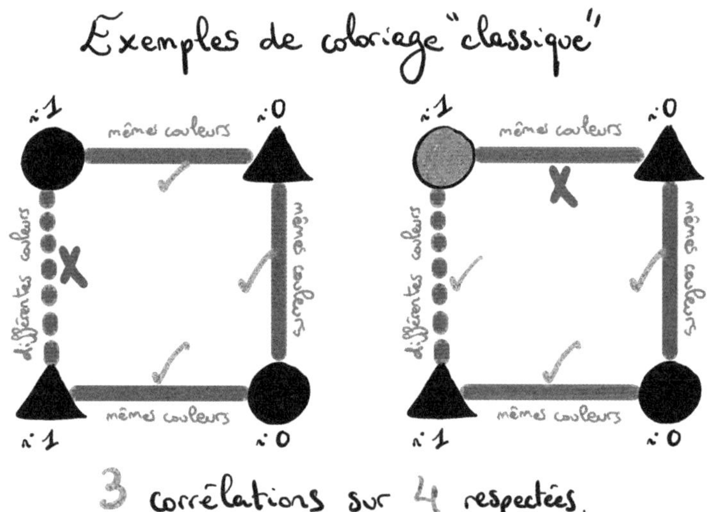

* Notre logique classique suit les règles suivantes : la nature (noir ou gris) d'un symbole, sa « réalité » est fixée et immuable. Un rond colorié en noir ne peut pas être gris. Un rond est noir ou gris. Si un rond est noir, il est noir. Si un rond est gris, il est gris. La couleur d'un symbole est définie *localement* : elle ne change pas en fonction du couple de symboles considérés.

Autrement dit, si la ressource partagée est « classique » et conduit donc à un coloriage classique, Alice et Bob ont 75 % de chance de gagner le jeu. Une ressource classique est donc, dans le cadre de ce jeu, limitée. Cette limite, cette incapacité à aller au-delà de trois quarts, définit une inégalité de Bell, « l'inégalité CHSH ». Toute ressource qui permettrait de dépasser cette limite serait par essence « paradoxale », échappant au joug de la logique classique.

Le théorème de Bell montre que si la ressource partagée par Alice et Bob est « quantique », plus précisément s'il s'agit d'un état intriqué du type « |*mouton blanc d'Alice*⟩ *et* |*mouton blanc de Bob*⟩ + |*mouton noir d'Alice*⟩ *et* |*mouton noir de Bob*⟩», et si Alice et Bob font coïncider leurs questions « 0 » ou « 1 » avec des mesures adéquates sur leur part de système respective, alors la borne de trois sur quatre est dépassée : la stratégie quantique optimale atteint une probabilité de gagner le jeu CHSH d'environ « 3,414 sur 4 » (plus exactement, « (2 +√2) sur 4 »), soit un peu plus de 85,35 % de chances de gagner !

Un « coloriage quantique » permet donc, en moyenne, de satisfaire plus de « liens de corrélations » qu'un « coloriage classique ». Mais que révèle réellement cette différence ? Quelles contraintes impose-t-elle sur la nature profonde de la réalité ? En d'autres termes : comment interpréter le théorème de Bell ?

« Einstein a tort, Bohr a raison » ?

> « Ce n'est pas un théorème que quiconque estime être d'une quelconque importance particulière. Nous qui utilisons la mécanique quantique l'avons utilisé depuis toujours. Ce n'est pas un théorème important. C'est simplement une affirmation de quelque chose que nous savons être vraie – une preuve mathématique de cela[25]. »

C'est ainsi que Feynman présentait le théorème de Bell dans un cours tenu en 1983. Il ne pouvait pas avoir plus tort (et changera d'ailleurs rapidement d'avis)[26]. Quand bien même les scientifiques étaient persuadés de la différence fondamentale entre la physique quantique et la physique classique, apporter une preuve rigoureuse, formelle et définitive de cette différence est loin d'être sans importance.

En 1972, les Américains Stuart Freedman et John Clauser ont été les premiers à obtenir une violation expérimentale d'une inégalité de Bell. Leurs mesures restaient cependant peu précises, et leur résultat contraint par des « échappatoires expérimentales » qui en faisaient davantage une preuve de concept qu'une démonstration indiscutable du résultat de Bell. Une dizaine d'années plus tard, le Français Alain Aspect et son équipe (Philippe Grangier, Gérard Roger et Jean Dalibard) ont effectué une série d'expériences avec une précision jusqu'alors jamais obtenue, démontrant ainsi les premières violations (quasi) incontestables des inégalités de Bell[27], et mettant rigoureusement en évidence par la même occasion le phénomène d'intrication quantique. Ces résultats ont été corroborés en 2015 par trois expériences indépendantes, qui ont établi pour la première fois une violation d'inégalité de Bell sans aucune échappatoire expérimentale. Non contente de donner un nouvel élan à la recherche fondamentale et de précipiter les fondements quantiques dans une nouvelle ère, la violation expérimentale des inégalités de Bell fut l'un des principaux moteurs de la nouvelle ère technologique quantique en cours.

Néanmoins, malgré son importance, de nombreuses confusions (généralement d'ordre métaphysique) émergent lorsqu'il s'agit de présenter et d'interpréter le résultat de ces expériences. Il existe une multitude de tentatives d'explications exotiques de la genèse des corrélations quantiques. Par exemple, certaines cherchent encore à les comprendre comme résultant d'une cause commune classique, mais au prix d'admettre que la Nature doit être minutieusement ajustée pour que certaines influences causales, particulièrement étranges, demeurent « cachées » et impossibles à utiliser pour communiquer : des influences « superluminiques[28] » (où la réponse obtenue par Bob dépendrait à la fois d'une cause commune et du choix de question d'Alice), « rétrocausales » (où la cause commune dépendrait des choix de question d'Alice et Bob) ou « superdéterministes » (où la cause commune influence aussi bien les réponses que le choix des questions d'Alice et Bob)… Tout cela peut sembler bien *conspiratoire*[29,30] ! Soyons clairs sur un point : s'il y a une chose à retenir à ce propos, c'est qu'il existe, dans la Nature, des corrélations que l'on ne peut pas expliquer avec notre façon de penser – en termes de causes et effets standards – classique. Point. C'est une conclusion minimaliste, mais juste, sans erreurs ni hypothèses cachées.

Mais quid du paradoxe EPR ? Quelles sont les conséquences de la violation d'inégalité de Bell vis-à-vis du débat sur la complétude de la théorie quantique ? Les expériences d'Aspect sont souvent présentées comme ayant tranché la controverse qui opposait Einstein et Bohr : « Bohr avait raison. Einstein avait tort. » S'il n'y a rien à redire au sujet de la deuxième conclusion, la première affirmation semble aller un peu vite en besogne. Le théorème de Bell n'est pas un résultat « positif », au sens où il désignerait l'interprétation victorieuse de la théorie quantique. Il s'agit d'un théorème parfois qualifié de « no-go », au sens où il montre que certaines situations particulières ne sont pas physiquement possibles. On peut le considérer comme une forme de « découverte philosophique négative[31] » ayant ouvert la voie à ce que le physicien et philosophe Abner Shimony appelait « métaphysique expérimentale[32] » : l'idée que des questions philosophiques peuvent être contraintes par des résultats testables expérimentalement.

Les expériences d'Aspect ont montré qu'Einstein avait tort d'espérer compléter la théorie quantique tout en respectant une forme de « localité ». C'est la raison pour laquelle la « violation des inégalités de Bell » est souvent, mais abusivement, appelée « non-localité quantique ». Toutefois, ce n'est pas parce que ces expériences ont donné tort à Einstein qu'elles prouvent que la théorie quantique serait complète et que Bohr aurait raison. Il existe d'autres façons de compléter la théorie quantique (cf. la théorie de De Broglie-Bohm, une théorie quantique complétée et non locale, présentée à la section précédente « *J'ai vu l'impossible être réalisé* ! »). De plus, de nombreuses interprétations distinctes de celle de Bohr considèrent également la théorie quantique comme complète (QBisme, mécanique quantique relationnelle, CSM[33], théorie d'Everett, etc.). Les Bohriens ne devraient donc pas crier victoire trop vite : la violation des inégalités de Bell a écarté certaines propositions interprétatives, mais elle est très loin d'avoir mis un terme au débat.

« *La méfiance, mère de sûreté* »

Bien que le travail de Bell soit historiquement inscrit dans le contexte de la question de la complétude de la théorie quantique, l'objet mathématique qui en émergea, l'inégalité de Bell, possède une portée bien plus vaste. Elle est en effet indépendante de la théorie testée : toutes données capables de produire des corrélations transgressant une inégalité de Bell échapperont, par définition, à notre regard classique. Les expériences d'Aspect montrent ainsi que de telles relations existent dans notre monde, indépendamment de la validité de la théorie quantique. Même si la théorie finit par être remplacée dans le futur, l'existence de ce phénomène non classique est ancrée dans la Nature.

Et ce n'est pas tout ! Dans le cas où nous décidons d'accorder notre confiance à la théorie quantique (qui jusqu'ici, ne nous a jamais fait défaut), la violation expérimentale d'une inégalité de Bell permet de mettre en évidence la fameuse intrication quantique entre deux particules de façon « absolue ». À la moindre violation d'une inégalité de Bell, l'étrange mélange qu'est l'intrication se dévoile, sur la base seule des arcanes de la théorie quantique et sans qu'il soit nécessaire d'examiner en détail le fonctionnement des mesures expérimentales. À quoi cette propriété peut-elle bien servir ? Imaginez par exemple que vous ayez besoin, pour une quelconque raison, de particules intriquées. Une entreprise spécialisée dans la fabrication de cette ressource vous en vend à bon prix, et elle vous offre même un service à domicile : deux employés, Alice et Bob, viendront installer la source de particules intriquées chez vous et vous ferons la démonstration que ce n'est pas une arnaque. C'est bien de l'intrication quantique qui est générée par leur produit. Les avis en ligne sur cette start-up divergent : il y a autant de très bons commentaires que de critiques particulièrement acerbes sur l'installation, si bien qu'il est impossible de se faire une idée sur l'honnêteté de la start-up. Mais au fond, cela a peu d'importance. Si la démonstration effectuée par les « agents » de l'entreprise reproduit les résultats des expériences d'Aspect, les lois la physique quantique vous garantiront que vous avez bien acheté une source de particules intriquées.

Dans la société dystopique imaginée par Margaret Atwood dans son roman *La Servante écarlate* (*The Handmaid's Tale*, 1985) – qu'elle a écrit après avoir fait, selon ses propres mots, « l'expérience de la méfiance, des silences, des changements subits de conversation[34] » –, un régime patriarcal totalitaire réprime tout type d'autonomie et d'individualité chez les femmes. Comment la résistance peut-elle s'organiser dans un monde où toute information est contrôlée ? Comment partager un secret si on ne peut se fier à personne ?

Si l'œuvre d'Atwood reste volontairement à un niveau technologique non futuriste, il est possible d'imaginer des scénarios similaires, dans lesquels les résistantes auraient accès à la non-localité quantique (si cette ressource n'est pas monopolisée par les entités aliénantes) et pourraient partager de l'information dans une sécurité absolue protégée par les lois de la physique quantique. Toute tentative de « hacking quantique[35] » serait vaine : en dehors de ces lois, les rebelles se méfient d'absolument tout. « Méfiance est mère de sûreté. » Avoir foi en la théorie quantique suffirait pour avoir accès, en théorie, au plus haut niveau de sécurité imaginable dans notre monde. Nous ne sommes plus à un paradoxe près : voilà que les étranges influences quantiques nous fournissent les plans d'un coffre-fort ultime, capable de mettre à l'abri les secrets les mieux gardés de l'Univers[36].

Ce type de certification de ressource quantique basée sur une méfiance absolue (de son nom technique : « certification indépendante du dispositif ») n'est peut-être pas limité aux seules applications. Elle pourrait laisser entrevoir une nouvelle forme de physique, qui ne porterait pas sur des systèmes ou des entités réelles, mais seulement sur les probabilités de réponses produites par des « boîtes noires », des dispositifs de mesure dont nous n'avons pas besoin de comprendre le fonctionnement interne ou les lois qui les régissent. Or, si cette nouvelle approche de la physique peut se passer des notions de « systèmes » ou « entités », en quoi serait-il justifié de concevoir que la réalité en serait composée ? De quoi parlerait cette « physique des boîtes noires » ? Peut-être des langages eux-mêmes, structures inhérentes de notre relation au monde[37].

« Montée et Descente »

Dans les cours d'introduction à la théorie quantique, la présentation de la non-localité quantique s'arrête la plupart du temps au théorème de Bell et aux violations expérimentales des inégalités de Bell, celles-ci ayant prétendument mis un terme au débat Bohr-Einstein. Comme nous l'avons vu, si ces résultats mettent effectivement à mal l'argument EPR et le point de vue d'Einstein, ils ne tranchent pas en faveur d'une interprétation particulière. Présenter ces conclusions comme une fin, c'est aussi ignorer tous les travaux de ces trente dernières années. La mise en évidence de la non-localité quantique a peut-être marqué la fin d'une première ère, mais elle a surtout sonné les débuts d'une nouvelle révolution technologique quantique et le renouveau moderne de l'étude des fondements quantiques[38].

Ainsi, si la non-localité quantique est la forme de manifestation la plus forte de l'intrication quantique, les scientifiques ont découvert que l'intrication ne conduit pas toujours à cette forme d'étrangeté non classique : il existe des types d'intrication quantique plus faibles, des phrases quantiques mathématiquement inséparables mais incapables de conduire à la violation d'une inégalité de Bell, des mélanges un peu moins étranges qui admettent des explications causales classiques.

D'autre part, la non-localité quantique est elle aussi limitée ! Comme nous l'avons vu, si la performance des ressources quantiques permet de surpasser celle des ressources classiques dans le cadre du jeu CHSH, elle n'atteint pas néanmoins le maximum possible : les corrélations quantiques peuvent gagner le jeu dans un peu plus de 85 % des cas (au lieu de 75 % pour les corrélations classiques), mais pas 100 % ! Les scientifiques auraient pu en rester là. « La quantique est comme ça, point. » Mais ça serait mal les connaître.

Nous avons vu que la non-localité n'est pas un phénomène exclusivement quantique. Ce constat appelle une question pressante : pourquoi ? Comment se fait-il que la quantique n'atteigne pas 100 % ? Qu'est-ce qui la distingue d'une théorie capable de le faire ? En bref : y a-t-il des principes fondamentaux derrière la limite quantique ?

Ces questions ont conduit les scientifiques à s'aventurer dans le domaine de la science-fiction… ou presque. En étudiant le spectre de théories dites « post-quantiques », ces théories fictives aux corrélations plus « non locales » et plus bizarres que la quantique, les chercheurs nourrissent l'espoir de toucher du doigt, par « antireflet » (cf. p. 90), ce qui fait la singularité de la quantique. En 1994, Sandu Popescu et Daniel Rohrlich ont ainsi théorisé ce qui sera plus tard connu sous le nom de « monde des boîtes[39] », un modèle imaginaire dans lequel le jeu CHSH serait gagné à 100 %.

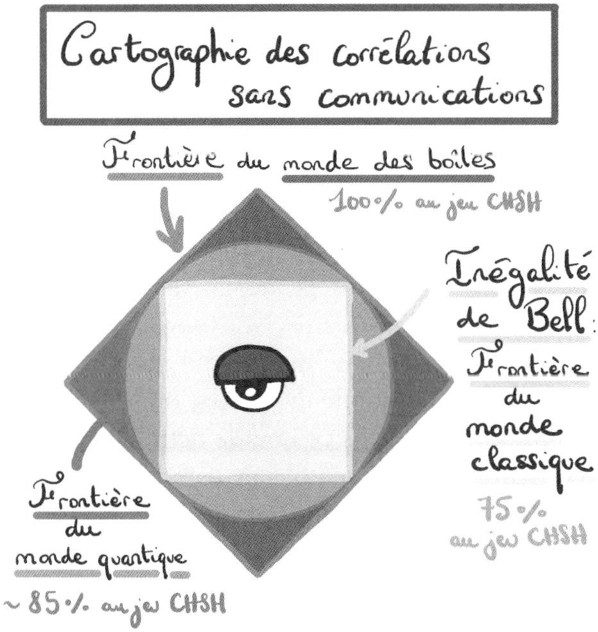

Dans le monde des boîtes, contrairement aux mondes classiques et quantiques, si Alice dispose de données et en communique certaines à Bob de manière classique, ce dernier peut néanmoins obtenir une quantité d'information supérieure (n'importe quelle autre donnée) à celles réellement communiquées[40,41]. Gagner le jeu CHSH à 100 %, reviendrait donc à vivre dans un monde « plus que quantique » sans queue ni tête… étrangement semblable aux escaliers impossibles du célèbre tableau *Montée et Descente* de l'artiste M.C. Escher ! Plongeons donc à l'intérieur de l'œuvre, à la découverte de la logique paradoxale du « monde des boîtes ».

***

À la suite de votre chute à l'intérieur du serpent-boa (à la fin du chapitre précédent), vous reprenez vos esprits sur le toit d'un monastère, à l'angle d'escaliers qui semblent surplomber et délimiter un atrium rectangulaire. Deux rangées de moines montent et descendent les marches dans un mutisme religieux. Quelque chose ne va pas avec ces escaliers. Vous décidez de suivre le courant ascendant de religieux et religieuses en grimpant les marches deux à deux, et, après trois virages à droite… vous revenez exactement à votre point de départ. Cela n'a aucun sens. Mais qui sont ces Sisyphes, condamnés à monter et descendre éternellement cet escalier impossible ? Comment échapper à cette boucle infernale ? La réponse se cache peut-être derrière le coloriage du jeu CHSH.

À première vue, il semble impossible de colorier les quatre symboles du jeu en respectant parfaitement les quatre corrélations CHSH. Selon notre logique classique, il est déjà inconcevable d'imaginer satisfaire plus de trois corrélations sur quatre. Nous savons que la quantique va au-delà et parvient atteindre une moyenne d'environ 3,41 sur 4, mais que se passerait-il dans le monde des boîtes, où les quatre corrélations sont toujours respectées ? Dans ce monde fictif, chaque paire de symboles, vue de manière isolée, semblerait parfaitement cohérente d'un point de vue classique. Cependant, lorsque nous tentons d'évaluer le coloriage des quatre symboles dans leur ensemble, notre regard classique se heurte à un paradoxe : un symbole devrait être colorié *à la fois* en noir *et* en gris…

Le coloriage parfait du jeu CHSH dans le « monde des boîtes » et les escaliers infinis d'Escher auraient-ils la même structure logique ? On peut en effet superposer les symboles de CHSH et les escaliers impossibles :

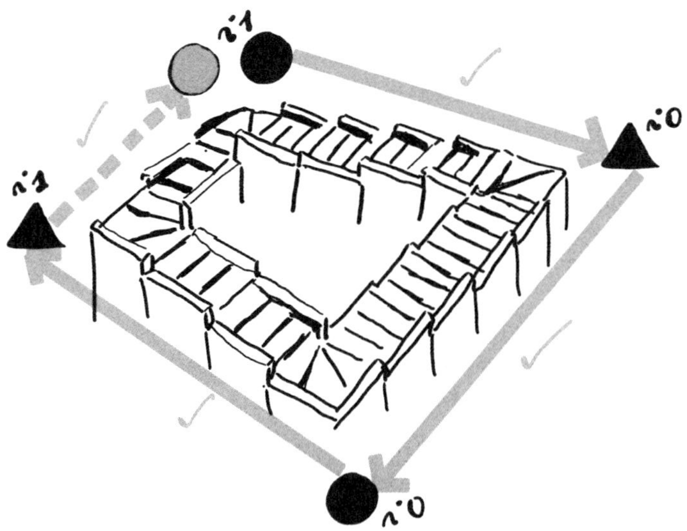

Chaque segment d'escalier est localement possible, mais lorsque l'on attache ces quatre segments les uns aux autres, la figure dans son ensemble devient paradoxale !

Comment donner du sens à l'absurde ? Grâce à la non-localité. La couleur du symbole paradoxal, ici un cercle de Bob, pourrait par exemple dépendre du triangle d'Alice avec lequel il est associé. On retrouverait alors la forme de « conspiration » précédemment mentionnée (cf. p. 130) : bien qu'Alice et Bob ne puissent pas communiquer, une influence cachée ferait en sorte que la réponse à la question d'Alice puisse dépendre du choix de question de Bob… Dans le cadre du jeu CHSH, cela n'arrive que de façon statistique avec une ressource quantique. Mais, dans l'hypothétique monde des boîtes, cette forme de non-localité serait absolue :

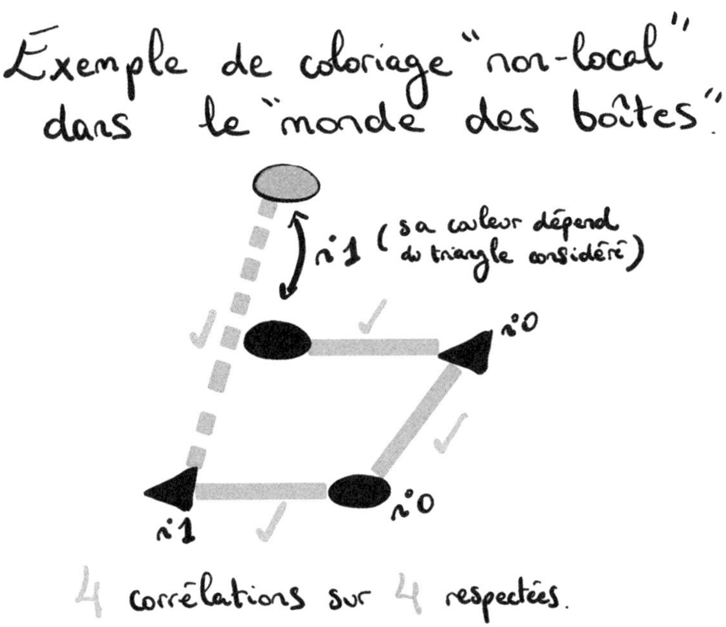

Dans le coin supérieur gauche de l'escalier, là où la contradiction devrait se manifester, un étrange symbole, gravé dans la pierre, semble avoir quelque chose de non local. Il s'agit de trois cercles entrelacés, formant des anneaux borroméens : chaque paire d'anneaux est localement séparable (l'anneau bleu passe sous l'anneau jaune, l'anneau jaune sous l'anneau orangé et l'anneau orangé sous l'anneau bleu), mais l'ensemble qu'ils forment est globalement inséparable. Ces anneaux semblent représenter quelque chose : un ver des sables et un serpent de mer, sous la forme d'ouroboros, intriqués l'un à l'autre par un cercle d'or.

Votre curiosité vous pousse à appuyer sur le symbole, espérant le faire disparaître. À votre contact, la gravure réagit soudainement : le cercle d'or disparaît pour ne laisser place qu'à deux anneaux draconiques. Soudain, les fondations de l'escalier tremblent violemment, interrompant le ballet des moines. Le coin supérieur gauche se scinde en deux, et la section que vous occupez s'élève dans les airs, imitant le coloriage dessiné à la page précédente. La gravure s'est elle aussi divisée, ne laissant à votre étage que l'anneau du ver des sables, tandis que son homologue aquatique reste au niveau inférieur. La non-localité vous a permis d'échapper au paradoxe… Mais à quel prix ?

Une vision d'horreur se déploie sous vos yeux : les têtes des moines se sont transformées en boîtes. Vous laissez échapper une exclamation de stupeur. Erreur. Les boîtes se tournent lentement vers vous… puis s'élancent. Des plaintes stridentes s'élèvent de leurs orifices : « Qu'y a-t-il dans la boîte ? » ; « N'ouvrez pas la boîte. » Elles vous poussent inexorablement au bord du précipice. Juste avant de tomber, vous apercevez les eaux sombres qui envahissent le niveau inférieur.

En pleine panique, vous cédez et tombez. Dans votre chute, ce qui semblait être une délivrance se change en cauchemar. Juste avant l'impact, vous distinguez une silhouette identique à la vôtre, reproduisant en miroir chacun de vos mouvements, prête à surgir des profondeurs. Mais quelque chose cloche. Vous ne reconnaissez pas votre reflet. Sur vos épaules, là où devrait siéger votre tête, trône désormais une énigmatique boîte.

EXORCISME DU DÉMON DE LA NON-LOCALITÉ

« *Einstein a tort, Bohr a raison !* » Une conclusion précipitée associée à la « non-localité quantique », et trop souvent employée dans une hâte plus rapide que la lumière… Dans ce chapitre, nous avons appris que :

- le débat entre Bohr et Einstein au congrès Solvay de 1927 est en grande partie fantasmé. Il s'agissait principalement de discussions informelles privées ;
- l'argument d'Einstein-Podolsky-Rosen (1935) prétend démontrer que la théorie quantique ne décrit pas complètement la réalité car, si elle était complète, elle entrerait en conflit avec une certaine notion de « localité » (le fait qu'il n'existe pas d'influences cachées plus rapides que la lumière). Cet argument, rédigé par Podolsky, est en fait assez éloigné du véritable argument d'Einstein et n'est donc pas vraiment identifiable à « son point de vue » ;
- le théorème de Bell (1964) stipule qu'il existe des corrélations quantiques (celles produites par des états quantiques intriqués) qui ne peuvent pas être expliquées par notre façon de penser classique. L'argument repose sur la violation d'une limite mathématique, une « inégalité de Bell » (mathématisation de l'argument philosophique d'EPR), qui sépare les théories à explications classiques de celles échappant à notre logique ;
- la base logique d'une inégalité de Bell (le jeu CHSH) s'explique par un jeu de coloriage, qui lorsqu'il est gagné à 100 %, partage la même structure que l'escalier impossible de Penrose, que l'on retrouve dans le tableau *Montée et Descente* de M. C. Escher. Les théories classiques ne peuvent pas gagner le jeu avec une chance supérieure à 75 %, tandis que la quantique s'en sort en moyenne dans 85 % des cas ;
- le résultat a été démontré expérimentalement par Alain Aspect et son équipe dans les années 1980, montrant ainsi qu'il existe,

dans la Nature, des corrélations qui ne peuvent pas être expliquées à l'aide de notre logique classique. Alain Aspect (en compagnie de John Clauser et Anton Zeilinger) obtiendra le prix Nobel de Physique en 2022 pour ces travaux ;

- ces expériences peuvent être vues comme une découverte philosophique négative, de la « métaphysique expérimentale » posant des contraintes sur la façon dont pourrait être la nature de la réalité. Elles n'ont en revanche pas définitivement tranché le débat entre Bohr et Einstein. Si elles ont effectivement donné tort à Einstein, qui souhaitait compléter la théorie quantique de façon classique (en préservant la localité), elles n'ont pas pour autant donné raison à l'interprétation de Bohr. Il est par exemple possible de compléter la théorie quantique avec de l'information cachée supplémentaire au comportement étrange (théorie de de Broglie Bohm), ou de considérer qu'elle est déjà complète mais complètement différente de la philosophie bohrienne (théorie d'Everett) ;
- les étranges corrélations quantiques permettraient, en théorie, d'accéder au plus haut niveau de sécurité imaginable : elles pourraient servir de ressource fondamentale à des protocoles de partage de secrets, faisant de ces derniers les confidences les mieux gardées de l'Univers, protégées par ses propres lois ;
- le théorème de Bell et les expériences d'Aspect ne sont pas la fin de l'histoire, bien au contraire ! Elles ont ouvert une nouvelle ère pour l'exploration des fondements quantiques. Depuis, un véritable zoo de différents types d'intrication a été découvert, des mondes fictifs (comme le monde des boîtes) aux corrélations plus fortes que la quantique (capable de gagner le jeu CHSH à 100 %) ont été explorés, bien d'autres résultats fascinants ont été dévoilés[42]... et il reste encore énormément de choses à apprendre !

7

LE MIROIR DE L'ÉTRANGETÉ QUANTIQUE, OU LE DÉMON DE LA CONTEXTUALITÉ

« Le réel ne peut s'exprimer que par l'absurde. »
Paul Valéry, *Tel Quel*, 1941

INVOCATION DU DÉMON DE LA CONTEXTUALITÉ :

« Le résultat d'une mesure dépend de son contexte ! »

La théorie quantique a la réputation d'être étrange. Elle décrit des phénomènes qui vont contre le sens commun, mais pas seulement. S'il était seulement question de cela, serait-elle vraiment si différente des autres théories scientifiques ? Toute recherche fondamentale est animée par des paradoxes, des phénomènes qui vont à l'encontre de notre expérience immédiate du monde et qui suscitent l'émerveillement et un profond désir de comprendre.

Mais la théorie quantique ne défie pas seulement notre intuition. Comme nous l'avons vu au chapitre précédent, elle va à l'encontre de notre logique même. L'invocation d'un théorème, tout aussi (si ce n'est plus) fondamental que celui de Bell, suffit à faire trembler les fondements et la cohésion des structures de nos raisonnements. Découvert au cours des années soixante par un mathématicien suisse et un physicien canadien, Ernst Specker et Simon Kochen, il stipule que la logique de la théorie quantique est radicalement différente de notre logique classique. Contempler le reflet des évènements quantiques à travers le prisme de nos concepts classiques semble conduire indubitablement à des absurdités mathématiques.

De fait, en se basant sur une démonstration géométrique, le théorème explique que, si l'on assimile la mesure d'une propriété quantique au moyen classique de révéler un résultat préexistant à toute observation, ce résultat dépend du contexte de la mesure. Qu'est-ce que cela signifie ? Quelles en sont les conséquences ? Comment représenter cette caractéristique, et comment l'utiliser ? Plongeons ensemble à la découverte de la contextualité, le miroir de l'étrangeté quantique.

Un peu de contexte

Avant de nous lancer dans l'exploration de la contextualité quantique, il nous faut un peu de… « contexte ». Pour saisir le sens du rôle joué par le contexte en physique, commençons par faire face à nouveau au premier miroir de notre voyage : le vôtre.

Vous êtes en ce moment même en train de lire ces mots dans un contexte particulier. Votre humeur, votre état de fatigue, l'éclairage de la pièce, votre confort intellectuel et physique, votre bagage culturel, la météo, ce que vous avez mangé ce matin, les dernières informations, etc. sont susceptibles d'influencer votre expérience de lecture. La notion de contexte est fondamentale dans notre quotidien. De nombreuses illusions d'optique témoignent du fait que notre perception même de la réalité en dépend. Par exemple, l'apparence de deux disques identiques varie en fonction de la couleur de l'arrière-plan :

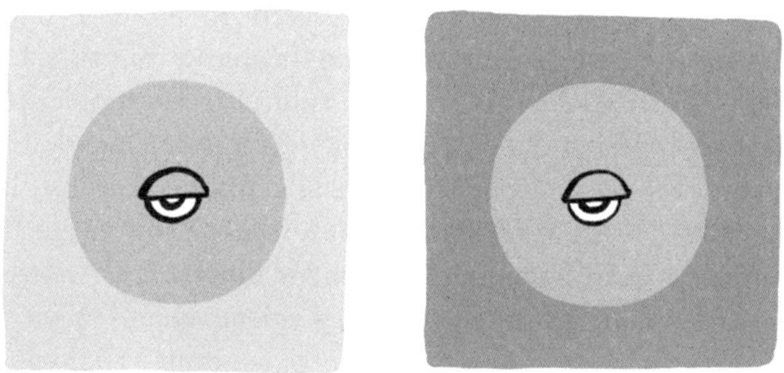

Dans cet exemple, bien que le contexte influence notre perception du disque, les propriétés intrinsèques, propres au disque, ne sont aucunement altérées. Une mesure colorimétrique précise de la couleur des disques donnera toujours la même valeur. De même, les deux disques centraux ci-dessous sont objectivement de même taille ; c'est seulement notre perception qui nous trompe et nous laisse croire que celui de droite est plus grand. Nos sens sont de bien piètres outils d'appréhension du réel.

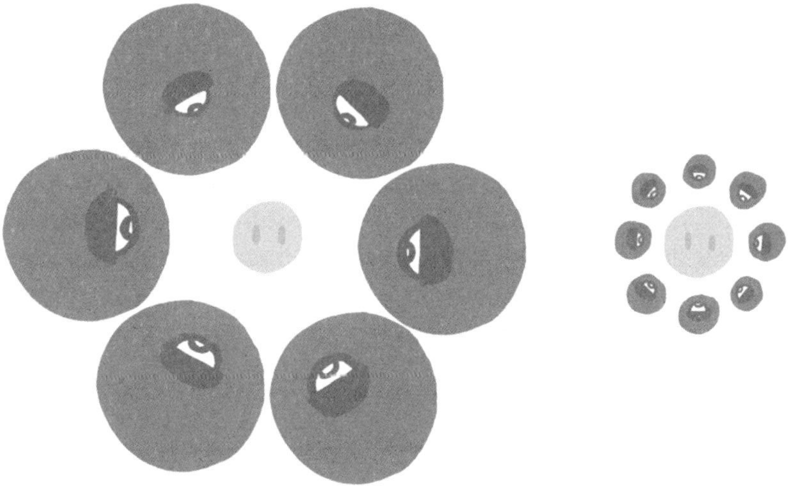

Conscients de cette limite, les scientifiques visent un idéal d'objectivité, une description de la Nature qui s'affranchirait complètement de leur regard et qui ne laisserait transparaître aucune trace de leur reflet. Ils cherchent à sonder le réel indépendamment de leur position d'observateur et des instruments de mesure, autrement dit indépendamment du contexte.

Ainsi, lorsque l'on étudie un cratère lunaire, sa taille ne varie pas selon qu'on l'observe à l'œil nu, avec des jumelles ou avec un télescope. La taille du cratère est une grandeur mesurable, une « observable ». C'est aussi une propriété intrinsèque, qui lui est propre, et qui préexiste à tout acte d'observation. L'efficacité d'une théorie physique sera jugée sur sa capacité à prédire la valeur de l'observable étudiée. La mesure est là pour dévoiler la valeur de l'observable, au sens littéral du terme : soulever le voile de notre ignorance et révéler l'élément de réalité qui s'y cachait.

Qui a tué le démon de Laplace ?

Nous, scientifiques, sommes généralement à la recherche des éléments d'une réalité affranchie du contexte de mesure ; une réalité non corrompue par notre reflet. Parfois, nous rêvons secrètement de gagner une hauteur telle que nous serions capables de nous extirper complètement du monde et de prédire l'avènement de n'importe quel phénomène.

Ce statut fantasmé de prophète est décrit par le philosophe et scientifique allemand Gottfried Wilhelm Leibniz dans ses *Principes de la nature et de la grâce fondés en raison* (1718) :

> « On voit […] que tout est mathématique, c'est-à-dire, que tout arrive infailliblement dans le vaste monde tout entier, de telle sorte que, si quelqu'un pouvait avoir une vue suffisante des parties intérieures des choses et en même temps suffisamment de mémoire et de compréhension, il serait un prophète et verrait le futur dans le présent comme dans un miroir. »

Plus tard, le scientifique français Pierre-Simon de Laplace[1] fera référence à une entité similaire, capable de s'affranchir du temps du fait de sa connaissance absolue :

> « Une intelligence qui, pour un instant donné, connaîtrait toutes les forces dont la nature est animée, et la situation respective des êtres qui la composent, si d'ailleurs elle était assez vaste pour soumettre ces données à l'analyse, embrasserait dans la même formule les mouvements des plus grands corps de l'univers et ceux du plus léger atome : rien ne serait incertain pour elle, et l'avenir comme le passé, serait présent à ses yeux. »

Aujourd'hui connue sous le nom du « démon de Laplace », cette « intelligence », du fait de son accès absolu à l'état actuel du monde, serait capable de calculer l'évolution de celui-ci à tout moment du passé ou du futur. Tel serait le rêve des scientifiques modernes : une métamorphose, lente et sans fin, vers l'état de prophète omniscient, qui sait tout. Ceux-ci sont bien sûr loin d'être naïfs au point de croire qu'un tel statut puisse être atteignable. Cependant, sans en avoir conscience, une partie d'entre eux poursuit cet horizon inatteignable.

Comme nous l'avons vu précédemment, Einstein, tout en étant parfaitement lucide quant aux limites du savoir humain, défendait l'idée que l'objectif de toute théorie physique est de décrire le monde tel qu'il est, en cherchant des éléments de réalité associés à des quantités physiques, comme la position ou la vitesse d'une particule. Le statut transcendant de l'observateur et sa capacité de prédire avec certitude la valeur de la quantité physique étudiée lui donneraient alors un accès direct à ces éléments de réalité.

Imaginez un jeu du bonneteau. Deux gobelets sont disposés devant vous. Une balle est placée sous l'un d'eux, puis ils sont mélangés selon un certain procédé. Vous devez ensuite prédire sous quel gobelet se trouve la balle en soulevant l'un des deux gobelets. La position de la balle existe indépendamment de notre mesure. Une théorie capable de décrire efficacement le processus de mélange permettra de prédire avec certitude la position de la balle. Un élément de réalité peut donc être associé à cette dernière.

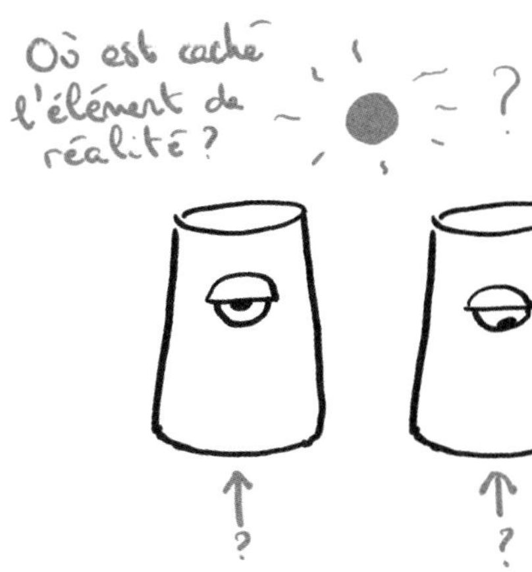

Mais au grand dam d'Einstein, les facétieux objets de la physique quantique semblent bien décidés à ne pas se laisser examiner si facilement. La moindre tentative d'observation altérerait leur nature, les figerait dans une forme d'existence qui ne refléterait que partiellement la richesse de leur essence. Champions ultimes du jeu de récréation « Un… Deux… Trois… Soleil ! », les objets quantiques s'épanouiraient dès que le compteur a le dos tourné puis s'effondreraient brusquement dès qu'il tente de les observer, à l'image des jouets des dessins animés *Toy Story* qui prennent vie lorsqu'ils sont à l'abri du regard de leurs propriétaires.

Einstein refusait d'admettre que de tels objets puissent exister. Pour lui, une théorie ne peut se contenter de décrire uniquement ce que nous observons. Abraham Pais, collègue et ami d'Einstein, relate que, lors d'une promenade un soir de Lune,

« [...] Einstein s'arrêta soudainement, se tourna vers moi et me demanda si je pensais vraiment que la lune existe seulement lorsque je la regarde. Le reste de la promenade fut consacré à une discussion portant sur ce qu'un physicien devrait vouloir dire par le terme "exister"[2]. »

Selon Einstein, si la théorie quantique ne donne pas accès aux éléments de réalité, aux valeurs physiques préexistantes à tout acte d'observation, celle-ci est fausse ou incomplète. Dans le jeu du bonneteau, tant que vous n'avez pas soulevé l'un des gobelets, vous ignorez où se trouve la balle, mais celle-ci a bien une position, même si elle est cachée. Si votre théorie est incapable de la prédire, vous devez la compléter par une variable additionnelle associée à la position de la balle. Quiconque se proclame scientifique ne devrait jamais renoncer à endosser le rôle de démon de Laplace.

Néanmoins, il est communément admis que la théorie quantique a porté un coup fatal à cet idéal. En effet, la contextualité quantique – le fait « qu'en physique quantique, le résultat de la mesure dépend du contexte expérimental » – semble compromettre le rêve d'accès à une réalité inaltérée par l'intervention d'un observateur. Cette déclaration est souvent utilisée pour présenter l'étrangeté des objets quantiques, aussi bien en conférence grand public que dans les amphithéâtres universitaires, mais quel est son fondement théorique ? Quel résultat a bien pu conduire à la destruction du rêve d'Einstein ?

Le principe d'indétermination de Heisenberg, déjà rencontré au Chapitre 1, est un premier suspect. Pour rappel, en s'appuyant sur la représentation mathématique de la mesure quantique, il stipule que certaines paires de propriétés physiques, comme la position et la vitesse, sont incompatibles entre elles : en physique quantique, l'ordre des questions a une importance. La précision avec laquelle ces paires de propriétés physiques incompatibles sont déterminées est fixée à une valeur limite (la constante de Planck, cf. Chapitre 1, pp. 26, 34). Plus la réponse à la question « Quelle est ta position ? » est pointilleuse, plus la réponse à la question « Quelle est ta vitesse ? » sera floue et vice-versa. Ce résultat marque un changement radical avec notre expérience classique du monde. En effet, il ne porte pas sur une limite technologique de nos outils d'observation, mais bien sur une particularité fondamentale des objets quantiques. Il inspirera Niels Bohr, qui s'y référera pour défendre l'idée que la

« discrimination entre différents arrangements expérimentaux » est nécessaire pour décrire un système quantique, et pour déduire que « le résultat d'une observation pourrait ne pas dépendre uniquement de l'état du système, mais aussi de la disposition complète de l'appareil de mesure ».

Le principe d'indétermination semble donc être une des causes principales de l'anéantissement du démon de Laplace, mais il ne faut pas se fier aux apparences. Le résultat de Heisenberg repose sur des quantités observables incompatibles, qui ne peuvent pas être mesurées conjointement, puisque l'ordre de leur mesure importe. Ainsi, des propriétés cachées, inaccessibles, pourraient *a priori* permettre de donner une explication à l'indétermination des observables, qui ne serait alors qu'apparente. L'analyse de Bohr est ce qu'elle est : une interprétation qui repose sur des choix métaphysiques particuliers et qui ne suffit pas à invalider de telles approches. Le principe de Heisenberg n'interdit donc pas formellement qu'un objet quantique puisse posséder une position et une vitesse bien déterminées et indépendamment du contexte de mesure.

Il faudra attendre une trentaine d'années après les travaux de Heisenberg pour qu'un théorème mathématique, reposant essentiellement sur la logique de la théorie quantique plutôt que des observables spécifiques, vienne porter un nouveau coup puissant au fantasme des scientifiques.

REFLET POP'

Le principe d'indétermination a inspiré de nombreux artistes. Citons par exemple le tableau *Le Principe d'Incertitude* de Magritte (1944), qui représente une femme contemplant son ombre à la forme d'oiseau ; ou la série de photographies « Le Miroir magique d'Incertitude du Dr Heisenberg » de Duane Michals (1988), où une femme contemple cette fois ses différents reflets dans un miroir déformant.

Le théorème de Kochen-Specker

Fin des années cinquante, dans un article précurseur[3], le mathématicien suisse Ernst Specker ébauche l'énoncé d'un théorème[4] dont il développera la preuve avec le physicien canadien Simon Kochen en 1967 : ce théorème de Kochen-Specker démontre une incompatibilité entre le formalisme quantique et l'indépendance contextuelle des résultats de mesure.

Cette incompatibilité est purement logique, à la différence de l'interprétation de Bohr, et utilise des couples d'observables compatibles entre elles, contrairement au principe de Heisenberg. La notion de contexte de mesure d'une grandeur physique prend alors une définition formelle : elle désigne l'ensemble des observables mesurables conjointement considéré. Le théorème stipule que le résultat de mesure d'une observable quantique ne peut à la fois préexister à la mesure et être indépendante de cet ensemble.

Pour le comprendre, imaginez une situation du jeu de bonneteau où cette fois trois gobelets sont disposés devant vous. Chaque gobelet contient une balle, de couleur blanche ou noire. Vous souhaitez connaître la couleur de la balle se cachant sous le deuxième gobelet. Pour cela, vous devez effectuer une mesure avec une contrainte : vous êtes obligé de retourner une paire de gobelets simultanément. Ainsi, ou bien vous choisissez de regarder ce qui se cache sous le premier et le deuxième gobelet, ou bien sous le deuxième et le troisième.

Dans notre monde classique, le choix du contexte ne devrait exercer aucune influence sur la couleur de la balle du deuxième gobelet, mais ce n'est pas le cas avec des gobelets et des balles quantiques ! Le contenu du deuxième gobelet pourrait très bien être une balle blanche si vous observez conjointement son contenu avec celui du premier, et une balle noire si vous l'observez avec le troisième.

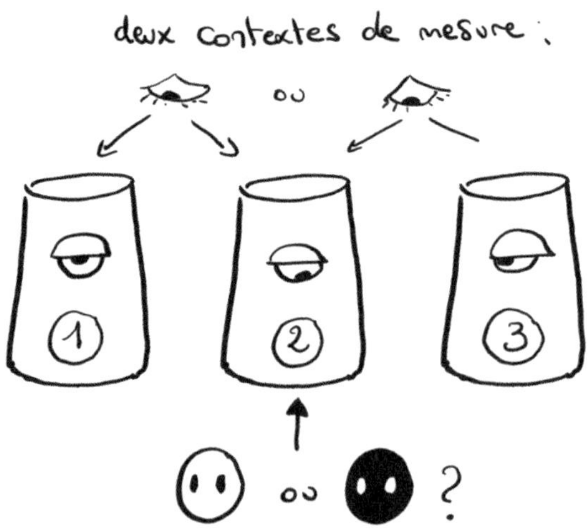

Deux choix interprétatifs s'offrent à nous : ou bien la couleur de la balle préexiste à la mesure et dépend donc du contexte, on parle de contextualité quantique ; ou bien la couleur de la balle n'a pas d'existence propre tant que l'on n'a pas soulevé une paire de gobelets, elle se crée au moment de la mesure. Dans tous les cas, l'investigation des propriétés des objets quantiques diffère fondamentalement de notre rapport classique au monde. C'est d'ailleurs la leçon principale à tirer du théorème de Kochen-Specker : la logique quantique ne peut en aucun cas être classique.

Lorsque l'on essaye d'appréhender la théorie quantique classiquement, avec nos concepts de tous les jours – comme l'idée que les propriétés des objets leur sont propres et ne dépendent pas du contexte dans lequel elles sont étudiées – des paradoxes logiques apparaissent !

En reflétant une partie de l'essence même de la théorie quantique, la contextualité renvoie ainsi l'image des scientifiques face à eux-mêmes, avec un avertissement : le monde quantique est définitivement plus étrange que n'importe quel phénomène classique, aussi contre-intuitif puisse-t-il être.

Nous avons identifié le résultat responsable dudit trépas du rêve laplacien des scientifiques. Notre enquête n'est pas finie pour autant. Il nous reste à découvrir ses origines, les motivations qui l'ont engendré, et ses applications : comment la contextualité se manifeste-t-elle ? Peut-on établir son profil en étudiant son empreinte ? Enfin, malgré l'affront qu'elle représente à l'égard de la démarche scientifique traditionnelle, ne pourrait-elle pas être utile aux chercheurs ?

Nous voici enfin face au miroir de l'étrangeté quantique.

Refaire le monde avec des « si » ?

La physique théorique peut parfois sembler aride. Sa rationalité extrême s'opposerait à toute forme de passion, rêverie et imagination. Les origines historiques de la contextualité quantique en sont un parfait contre-exemple, et témoignent du fait qu'inspiration romantique et rigueur scientifique peuvent coexister, du moment quand l'on reste conscient de l'usage des analogies et que l'on se garde de toute surinterprétation de nos résultats.

Au lendemain de la guerre, le jeune Ernst Specker se demandait « si Dieu peut avoir connaissance d'un monde où Hitler ne serait pas né[5] ». La question va au-delà du fantasme uchronique. Il ne s'agit pas simplement d'imaginer un monde alternatif où la guerre n'aurait pas eu lieu, mais bien de chercher à comprendre si l'omniscience divine, la capacité de connaître absolument tout, peut s'étendre à des évènements qui ne se sont pas produits mais qui auraient pu se produire dans un autre contexte. Dieu peut-il refaire le monde avec des « si » ?

Toute personne ayant connu le regret, ou bien étant simplement curieuse d'envisager « ce qu'aurait été sa vie si » les choses s'étaient passées autrement, si elle avait fait un choix différent ; toute personne ayant déjà eu l'impression d'avoir manqué un rendez-vous déterminant ; toute personne hantée par le souvenir d'un carrefour existentiel et qui cherche à ouvrir les cicatrices du passé ; toutes ces personnes se sont déjà exercées à un effort de projection mental, celui de « rembobiner le film » et de le rejouer, encore et encore, en modifiant les paramètres afin de constater les nouveaux horizons ratés. En philosophie, ces événements qui « n'ont pas été mais auraient pu être si… » sont appelés contrefactuels. La motivation de Specker peut donc être reformulée ainsi : Dieu, qui a connaissance de tout ce qui est, connaît-il aussi les contrefactuels ?

Le problème est intimement lié à un des sujets centraux de la scolastique – un courant de philosophie médiévale qui visait à concilier la philosophie antique avec la théologie chrétienne. Ici, avant de se projeter dans le passé, regardons d'abord vers le futur et l'incertain. Les futurs contingents, que Specker nomment les « infuturibles », sont des évènements qui ne sont pas encore mais qui pourraient être. Ceux-ci causaient déjà des maux de crâne au philosophe grec Aristote du fait de leur caractère indécidable, c'est-à-dire du fait qu'il soit impossible de certifier leur nécessité tant qu'ils n'ont pas eu effectivement lieu. Pour les philosophes scolastiques, l'un des enjeux était de comprendre si la connaissance divine de tout ce qui est (omniscience) et tout ce qui sera (prescience) peut être compatible avec un futur ouvert, sans empiéter sur notre liberté de choix. Dieu peut-il connaître ces futurs possibles dont la réalisation dépend d'une condition qui résulte du choix de ses créatures ?

Le récit hébraïque du *Livre de Jonas* peut être interprété comme une illustration de cette tension. Il raconte l'histoire d'un prophète envoyé par Dieu pour annoncer la destruction de la cité de Ninive à ses habitants parce qu'ils vivent dans le péché. Après avoir tenté d'échapper à sa mission divine et été puni d'un séjour de trois jours et trois nuits dans le ventre d'une baleine géante, Jonas se résout à accomplir sa mission. Il entre dans Ninive en clamant : « Dans quarante jours, Ninive sera renversée. » Les Ninivites jeûnent et se repentent, et Dieu décide de changer d'avis et d'épargner la cité. Jonas, en colère, explique alors la raison de sa tentative de désertion : il craignait justement que Dieu fasse preuve de clémence et accorde son pardon aux Ninivites. La prophétie de Jonas est issue d'une communication divine. Si les déclarations divines sont toutes nécessairement vraies, alors la prophétie devrait l'être aussi. Mais cette déclaration porte sur un événement qui n'a pas encore eu lieu et est donc contingente : les Ninivites sont toujours libres de se repentir, et leur choix d'action conduit à la non-réalisation de la parole de Dieu.

Cette contradiction est au cœur de ce que le philosophe Jean-Pierre Dupuy appelle le « paradoxe de Jonas[6] », qui décrit la situation absurde du prophète de malheur, qui doit prêcher l'avènement prochain d'une catastrophe comme si elle était inéluctable, avec l'objectif que la catastrophe ne se réalise pas. Il ne s'agit pas seulement là d'une précaution, mais bien d'une prophétie autodestructrice.

Comment résoudre le paradoxe ? Une première échappatoire pourrait être de considérer que seule la liberté de choix prévaudrait, et qu'en mettant en tort la prophétie les Ninivites auraient démontré l'imperfection de l'entité divine, pouvant conduire à contester son existence. On pourrait également imaginer l'extrême opposé : la divinité toute-puissante et manipulatrice aurait accès à l'ensemble de ce qui est et de ce qui est possible et tromperait ses sujets en leur donnant l'illusion qu'ils sont libres de leurs choix.

Mais le récit biblique suggère une autre solution. Même si Dieu a connaissance de ce que l'on s'apprête à faire, nous aurions néanmoins la capacité de choisir de faire quelque chose qui, si nous l'avions effectivement choisi, aurait entraîné une connaissance différente de la part de l'être divin. Dieu connaît les mondes possibles, les contrefactuels, avant de connaître le monde actuel, et cette connaissance est conditionnée par nos choix libres. La prophétie n'est vraie que dans le contexte de l'inaction des Ninivites. Elle devient fausse dans le contexte de leur repentance, mais cela ne signifie pas que Dieu s'est trompé : la connaissance divine s'inscrit dans le contexte défini par nos choix. Dieu et les Ninivites peuvent changer d'avis.

Pour illustrer comment une forme de « contextualité » peut surgir d'une telle tension entre l'indépendance d'une omniscience et notre liberté de choisir un contexte, rien de mieux qu'une variante démoniaque[7] du jeu du bonneteau décrit précédemment.

***

Vous vous réveillez péniblement d'une nuit agitée, hantée par des rêves d'escaliers impossibles et de têtes en forme de boîtes. Après avoir vaqué à vos occupations, vous décidez de reprendre votre lecture. À peine le livre ouvert, un son étrange s'échappe de votre salle de bains : un chant résonne à travers le miroir. Vous vous approchez lentement quand, soudain, votre reflet se détache et vous entraîne de l'autre côté.

Vous faites face à l'entité qui vous y a attiré : le démon de Laplace, le malin génie aux prédictions toujours parfaitement exactes. Le démon place trois gobelets devant vous. Le premier, transparent, contient cent mille pièces d'or. Le troisième, également transparent, est vide. Le deuxième, en revanche, est totalement opaque. Votre mission est simple : découvrir ce que cache le gobelet opaque, récupérer les contenus des gobelets retournés, et survivre. Pour ce faire, vous le retournez dans un contexte particulier, en même temps que l'un des deux gobelets transparents. Le démon précise alors qu'il a préparé le contenu du gobelet mystère comme suit :

- s'il a prédit que vous allez retourner le gobelet opaque avec celui qui contient les cent mille pièces d'or (contexte 1), il y a placé une bombe qui explosera à l'ouverture ;
- s'il a prédit que vous allez retourner le gobelet opaque avec celui qui est vide (contexte 2), il n'a rien mis dedans, et vous pourrez partir indemne.

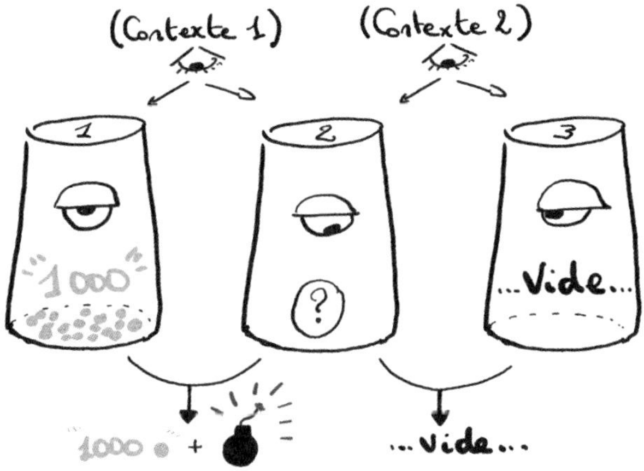

Malgré la tentation, vous choisissez prudemment le contexte 2. À votre grand soulagement, la prédiction du démon est exacte : le gobelet opaque est vide. Mais votre soulagement est de courte durée. Une lueur de malice éclaire le regard du démon alors qu'il s'approche de vous et murmure à votre oreille : « Et si tu avais choisi l'autre option ? », avant de disparaître dans un nuage de fumée en ricanant.

Tout d'abord, cette question vous semble absurde. Le démon ne se trompe jamais dans ses prédictions, il aurait aussi prédit votre autre choix et aurait donc placé une bombe sous le gobelet opaque. Cela pourrait signifier que votre liberté de choix est illusoire, dictée par le démon… Ou bien, comme dans le mythe de Jonas, que la prédiction du démon est conditionnée par votre choix de contexte, même si le résultat semble déjà écrit.

Mais, en y réfléchissant, le contenu du gobelet opaque était déjà fixé avant votre choix. Donc choisir l'autre contexte ne devrait pas le modifier. Vous seriez toujours en vie, avec cent mille pièces d'or en prime ! Dans cette interprétation, le contenu du gobelet ne dépendrait pas du contexte, mais la prédiction du démon aurait été fausse ! Son pouvoir n'étant plus absolu, son existence même serait remise en question, de sorte que le résultat n'aurait peut-être pas été préétabli mais aurait été déterminé par vos actions…

Pensez-y ! Les prédictions du démon qui le définisse portent sur votre choix… qui est lui-même influencé par ces prédictions. Nous voici pris au piège d'une boucle infernale. Et si le démon n'était au fond qu'une illusion, le reflet de votre décision ?

***

Quel rapport ces casse-têtes philosophiques ont-ils avec la théorie quantique ? Les scientifiques se seraient permis de faire de la théologie et auraient osé l'impardonnable en s'attaquant à la nature divine ? Non, bien sûr que non. Ne tombons pas dans le piège de la transgression des frontières disciplinaires. La contextualité quantique n'a rien à voir avec l'omniscience divine. À Heisenberg qui remarquait déjà que « l'indétermination partielle qui existe pour les phénomènes de la physique atomique est quelquefois utilisée comme un argument par certains, qui affirment qu'il y a maintenant de nouveau une marge à la fois pour le libre arbitre de l'individu et l'intervention de Dieu », Bohr répondit : « Je suis persuadé qu'il s'agit là tout simplement d'un malentendu. Il ne faut pas mélanger les différentes formulations des problèmes, formulations qui, à mon avis, correspondent à des modes d'interprétation différents, complémentaires entre eux. » (Bibliographie 23, Chapitre 1).

Specker, quant à lui, cite comme source d'inspiration le philosophe Averroès[8], qui dépeint une forme de complémentarité entre vérités religieuses et scientifiques. Vérités religieuses et scientifiques sont donc bien distinctes et traitent de sujets distincts. Le mathématicien zurichois remarque simplement une analogie entre son intérêt théologique et la théorie quantique : en effet, toutes les deux évoquent des énoncés contrefactuels. « Si j'avais choisi un autre contexte de mesure, j'aurais obtenu cet autre résultat. »

Les origines de la contextualité quantique n'ont (presque) plus de secrets pour vous. Mais comment se manifeste-t-elle ? À la différence de la non-localité quantique, qui porte uniquement sur des couples d'objets quantiques préparés dans un état bien particulier (intriqué), la contextualité peut surgir à partir d'un objet quantique unique. Plus étonnant encore, en général, l'état de l'objet n'a pas besoin d'être singulier pour que la contextualité se dévoile : seules les questions qu'on lui pose ont une importance. Mais la contextualité n'est pas étrangère à la non-localité pour autant. De fait, la non-localité peut tout simplement être interprétée comme une forme particulière de contextualité, où les mesures sont effectuées par deux observateurs séparés qui ne peuvent pas communiquer pendant l'expérience.

REFLET POP'

On retrouve des situations similaires au paradoxe de Jonas dans la nouvelle *Minority Report* de Philip K. Dick (1956) - adaptée au cinéma par Steven Spielberg en 2002 -, dans laquelle la police empêche les criminels en devenir de commettre leurs crimes en se basant sur les prédictions de mutants pouvant voir l'avenir. Autre exemple dans le conte *A Christmas Carol* de Charles Dickens (1843), Scrooge, un vieillard avare et aigri, rencontre les fantômes des Noëls à venir, qui lui montrent des images de futur. Horrifié par son destin funeste, Scrooge implore les esprits : « Assurez-moi que je puis encore changer ces images [*shadows*] que vous m'avez montrées, en changeant de vie ! » Il s'exécute et évite une fin tragique. Dans les deux cas, nous faisons face à un paradoxe, car, comme l'explique un des personnages de *Minority Report,* « ce n'est pas l'avenir si on l'empêche de se produire ! ».

La contextualité quantique en images : Escher et le menteur

La théorie quantique a la mauvaise réputation d'échapper à notre logique, et donc à toute forme de représentation qui serait accessible à l'aide de nos images ordinaires. Bohr compare l'activité du physicien cherchant à comprendre la physique quantique à celle d'un « navigateur qui a échoué dans un pays lointain où non seulement les conditions de vie sont tout à fait différentes de celles qu'il connaissait dans sa patrie, mais où il ignore même totalement le langage des gens qui y vivent » (Bibliographie 23, Chapitre 1). Il existe cependant des images plus précises que d'autres. Certains artistes et mathématiciens se sont déjà essayés à représenter des anomalies logiques. Et si celles-ci étaient similaires à la contextualité ?

Les escaliers infinis du chapitre précédent font directement référence à la lithographie *Montée et Descente* de l'artiste M. C. Escher, qui y représente l'escalier de Penrose, objet impossible formé de marches qui bouclent sur elles-mêmes.

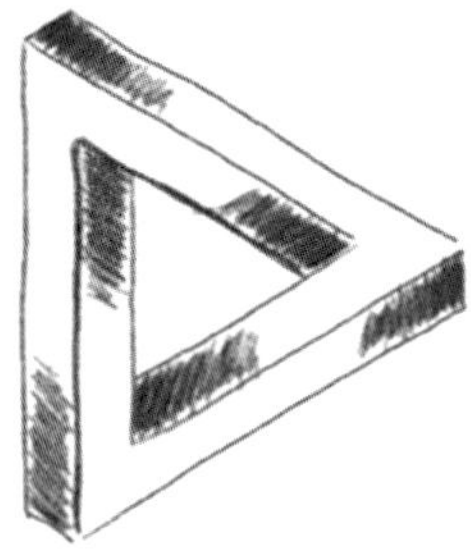

L'escalier, imaginé par Lionel Penrose, est inspiré du triangle de Penrose conçu par son fils, le mathématicien et physicien Roger Penrose. Dans ce triangle, « chaque partie est acceptable en tant que représentation d'un objet tridimensionnel : pourtant du fait de l'assemblage pervers de ces parties, la figure dans son ensemble conduit à produire l'effet d'une figure impossible[9, 10] ». Escher s'inspira également du triangle impossible pour construire la lithographie *Chute d'eau*, dans laquelle un cours d'eau part du point de chute d'une cascade pour finir au point de départ de celle-ci, créant ainsi l'illusion d'un mouvement perpétuel. Le paradoxe n'est pas simplement issu d'un jeu de perspective, mais il vient du fait que le cours d'eau a la structure de deux triangles de Penrose.

Quel lien relie ces figures impossibles et la contextualité quantique ? Lorsque l'on observe ces dessins, chaque partie est interprétée immédiatement par notre cerveau comme la représentation d'un objet familier évoluant dans l'espace. Chaque morceau de figure est parfaitement normal et respecte les lois de la logique. C'est en tentant de donner une cohérence globale à l'objet que son caractère paradoxal se manifeste. Une sensation « d'inquiétante étrangeté » – la sensation d'angoisse qui surgit de choses en apparence familières et réconfortantes – se dégage alors du dessin.

La contextualité quantique fonctionne exactement sur le même principe ! Elle émerge lorsque des résultats de mesure parfaitement logiques au sein de leurs contextes respectifs deviennent absurdes lorsque l'on essaye de les assembler dans un contexte global. Les figures impossibles d'Escher et de Penrose donnent donc à voir une représentation fidèle de l'étrangeté quantique. N'oublions pas toutefois que ces figures impossibles ne sont pas quantiques, mais bien classiques. En revanche, le point d'ancrage de leur nature paradoxale, leur structure logique, est comparable à celui de la contextualité quantique. Il s'agit de la leçon principale à tirer du théorème de Kochen-Specker (et du théorème de Bell) : la logique quantique ne peut en aucun cas être classique. Des paradoxes logiques surgissent dès que l'on essaye de regarder la quantique à travers notre prisme classique. Allons à la rencontre du plus célèbre d'entre eux.

***

Un bruit de chute d'eau vous tire de vos pensées métaphysiques. La curiosité vous amène vers l'origine du son et vous découvrez un immense réseau de canaux en pierre, formant un circuit hydraulique impossible. L'eau descend en cascade, frappe une roue à aubes, puis remonte par un aqueduc pour retourner à son point de chute, dans un cycle sans fin.

En contrebas, un personnage observe la construction d'un air détaché, comme si l'absurdité de la scène lui était coutumière. En vous rapprochant, vous comprenez qu'il s'agit d'un pantin en bois, animé. Vous engagez la conversation. Il vous informe qu'il est arrivé ici par accident après avoir été avalé par une baleine, et qu'il cherche un moyen de quitter ces lieux. Pinocchio (c'est son nom) vous indique également qu'il est lui-même victime d'un curieux maléfice, qui fait que son nez s'allonge lorsqu'il ment. Soudain, il s'exclame : « Mon nez est en train de grandir ! »

Un lourd silence s'installe. Il y a quelque chose d'étrange dans cette phrase, mais quoi ?

« *Mon nez est en train de grandir !* » Cette phrase de Pinocchio est un exemple de paradoxe logique dont la structure est assez similaire à celle qui émerge de la contextualité quantique. En essayant d'analyser si cette phrase est vraie ou fausse (en logique, on dirait que l'on cherche à déterminer si la phrase est décidable, si on peut lui associer une valeur de vérité « vraie » ou « fausse »), on aboutit à une contradiction logique.

En première analyse, si l'on se base sur le seul contenu de la phrase, si son énonciateur dit vrai, alors d'après la phrase son nez est en train de grandir. Mais dans le contexte où Pinocchio prononce cette phrase, on sait que son nez ne grandit que lorsqu'il raconte des mensonges. Donc si son nez grandit, c'est que sa phrase est fausse. Contradiction : si la phrase de Pinocchio est vraie, alors elle est fausse.

Supposons maintenant que la phrase prononcée soit fausse : son nez n'est pas en train de grandir ; il ment. Encore une fois, dans le contexte où cette phrase est prononcée par Pinocchio, on sait que chaque fois qu'il ment, son nez grandit… et donc qu'il dit vrai lorsqu'il énonce ces mots. De nouveau, une contradiction : si la phrase de Pinocchio est fausse, alors elle est vraie.

Pour résumer, la phrase est construite sur un raisonnement circulaire, qui a une obstruction logique. Si c'est vrai, alors c'est faux ; et si c'est faux, alors c'est vrai. Paradoxe !

REFLET POP'

Les escaliers de Penrose font une apparition dans le film *Inception* de Christopher Nolan (2010), où ils permettent à l'un des protagonistes d'échapper à ses poursuivants. Le paradoxe de Pinocchio (ou paradoxe du menteur de son vrai nom) surgit lui aussi occasionnellement en science-fiction, servant tantôt à embrouiller des androïdes malveillants (*Star Trek* saison 2, épisode 8 ; *Doctor Who*, épisode 69), ou encore à souligner l'absurdité du monde dans lequel se déroule le récit (*Le guide du voyageur galactique*, chapitre 21, Douglas Adams). Pour en savoir plus sur ces drôles de boucles (il)logiques, voir *Gödel, Escher, Bach* de Douglas Hofstadter (Dunod, 2021).

La contextualité quantique en images : coloriage et carré magique

Les figures impossibles d'Escher et de Penrose et certains paradoxes logiques constituent de premières représentations, plutôt fidèles, non pas d'une caractéristique quantique directement, mais plutôt de la façon dont celle-ci nous apparaît comme étrange. Mais qu'en est-il des preuves mathématiques du théorème de Kochen-Specker elles-mêmes ? Comment les scientifiques représentent-ils la contextualité quantique ?

Revenons au tableau *Chute d'eau* d'Escher, qui ne nous a pas encore livré tous ses secrets. La chute d'eau est surplombée par deux tours, qui soutiennent l'aqueduc infini. À leur sommet, on trouve deux figures géométriques complexes : des polyèdres, objets à trois dimensions constitués de faces planes polygonales.

Sur la tour de gauche, un polyèdre composé de trois cubes. Fait particulièrement surprenant, cette figure géométrique est… une preuve du théorème de Kochen-Specker[11] !

Sur la tour droite, un polyèdre composé de trois octaèdres non réguliers, connu sous le nom de solide d'Escher… qui a lui aussi conduit à une preuve géométrique de contextualité quantique[12]. Il est pour le moins renversant de découvrir trois incarnations picturales (les deux polyèdres et la structure paradoxale de la chute d'eau) d'un phénomène fondamental de la théorie quantique involontairement représentées au sein d'un même tableau !

Le carré magique de Mermin-Peres

Le carré magique de Mermin-Peres, du nom de ses créateurs David Mermin et Asher Peres, constitue une autre preuve du théorème de

Kochen-Specker[13] mettant en évidence la contextualité quantique. Son principal intérêt est que, contrairement à la non-localité, qui requiert que les particules quantiques soient dans un état spécifique « intriqué », cette forme de contextualité ne repose pas sur un état particulier du système quantique, mais seulement sur des ensembles de questions/réponses que l'on peut lui poser/soutirer[14].

Le carré magique se présente ainsi sous la forme d'un tableau de trois lignes et trois colonnes répertoriant neuf propriétés quantiques, chacune observable dans deux contextes de mesure différents (représentés par la ligne ou la colonne de la propriété), avec une valeur dépendant de ce contexte. Cette « magie » quantique peut être illustrée simplement par un jeu de cartes magiques, où chaque carte symbolise une propriété observable et où la couleur de chaque carte, indiquant la valeur de cette propriété, peut changer selon le contexte dans lequel elle est révélée.

***

Après un long silence, Pinocchio vous propose un jeu. Il vous remet un ensemble de cartes classique, chacune étant grise ou noire, et il vous met au défi de construire un tableau de cartes de trois lignes et trois colonnes où chaque ligne et les deux premières colonnes contiennent un nombre pair de cartes grises, tandis que la troisième colonne en a un nombre impair. Après quelques tentatives, vous comprenez que c'est impossible. Pinocchio sort alors un autre paquet de cartes de son tiroir-poitrine. Pendant qu'il forme un tableau de neuf cartes faces cachées, il vous explique que ces cartes sont magiques : il est impossible de les retourner individuellement, vous ne pouvez les dévoiler qu'en ligne ou en colonne complète et, une fois un trio révélé, vous devez le recacher avant de découvrir d'autres cartes. Malgré votre confusion, vous jouez le jeu et, après avoir dévoilé chaque ligne une par une, vous déduisez que, *indépendamment de leur dévoilement*, les couleurs *cachées* des cartes devraient être les suivantes :

Rien de particulièrement exaltant. Mais Pinocchio vous invite à recommencer, en dévoilant cette fois-ci les colonnes. Vous retournez la première colonne. « Grise, Noire, Grise ». Pas de surprise. Vous retournez ces cartes faces cachées, puis c'est au tour de la deuxième colonne. « Grise, Grise, Noire ». Toujours rien d'étonnant. Vous commencez à perdre patience. Mais au moment où vous dévoilez les trois cartes de la dernière colonne, Pinocchio s'écrie : « Mon nez est en train de grandir ! »

Un grondement sourd retentit. Le temps semble s'arrêter, et tout devient immobile, comme si les mots de Pinocchio avaient provoqué un système de défense de la réalité. En pleine stupeur, vous parvenez tout de même à jeter un coup d'œil au résultat :

« Noire, Grise, Noire ». La dernière carte devrait être grise ! Comment est-ce possible ? Sans avoir le temps de réfléchir à la couleur des cartes ou aux paroles de Pinocchio, un phénomène étrange se produit : le bout du nez du pantin se met briller intensément, avant d'exploser dans un aveuglant flash lumineux.

***

Comme les cartes magiques du jeu, les particules quantiques sont sujettes à une véritable crise d'identité. Elles semblent capables d'outrepasser le principe fondamental imposant qu'une chose est nécessairement identique à elle-même.

D'autres représentations de la contextualité quantique sont possibles. Par exemple, on pourrait symboliser les contextes par des ronds, reliés entre eux par des arêtes qui correspondraient cette fois aux questions posées. Curieusement, appliquée au carré de Mermin-Peres, cette représentation conduit à la même figure que la célèbre « énigme des trois maisons », qui consiste à dessiner trois maisons et à essayer de les alimenter en eau, gaz et électricité à partir de trois sources séparées, sans que les tuyaux se croisent. La tâche est impossible dans l'espace en deux dimensions d'une feuille de dessin mais est réalisable sur un tore ou un ruban de Möbius. Une étude mathématique montre qu'il existe un lien direct entre contextualité quantique et cette caractéristique géométrique[15].

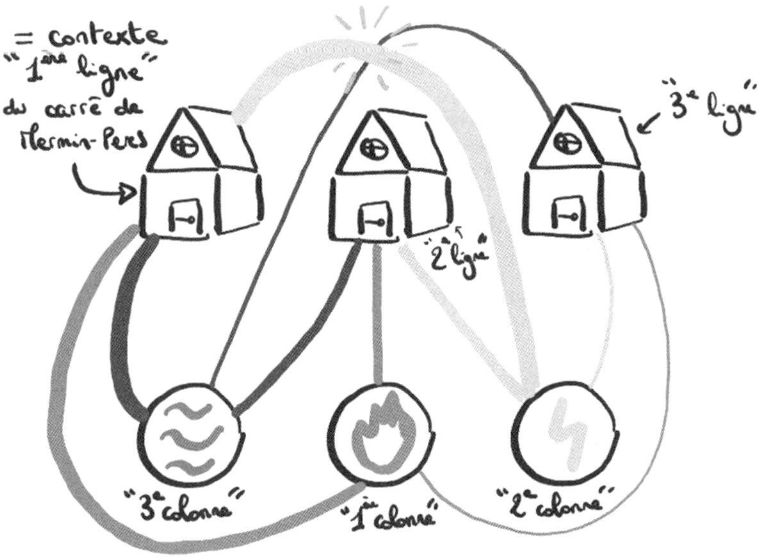

Utiliser la magie de la contextualité quantique

Le profil de la contextualité quantique a été établi : il s'agit d'une caractéristique essentielle de la théorie quantique, qui révèle que sa logique interne est fondamentalement différente de notre logique classique. Et si l'on pouvait faire de cette différence une force ? Une fois le choc de l'inquiétante étrangeté passé, pourquoi ne pas le surmonter et transformer l'étrange en source de pouvoir ?

Nous avons déjà entrevu toute la puissance de la contextualité dans le jeu de Mermin-Peres qui peut seulement être gagné en jouant « quantiquement », c'est-à-dire à l'aide de ressources quantiques[16]… Mais la magie de la contextualité peut aussi prendre d'autres formes paradoxales, encore plus explicite.

Jouons à un nouveau jeu. Tracez une étoile à cinq branches et essayez de colorier ses sommets en noir ou en gris (comme dans le jeu CHSH) en suivant la règle suivante : deux sommets reliés entre eux ne peuvent pas être coloriés de la même couleur. Avec un coloriage classique, vous constatez rapidement que vous ne pouvez pas respecter plus de quatre liens sur cinq.

Voilà que surgit une inégalité de Kochen-Specker : il existe un plafond, une valeur seuil, qu'aucune théorie classique (ou pouvant être simulée classiquement) ne peut dépasser, la valeur 4 sur 5. Autrement dit, la probabilité de gagner ce jeu avec une stratégie classique est de 80 %. Mais la théorie quantique, grâce à la contextualité, parvient à dépasser cette borne[17]. Elle peut atteindre en moyenne une valeur de $4\sqrt{5} - 4 \approx 4{,}94$ sur 5, supérieure à 4 sur 5 donc. Autrement dit, une stratégie quantique a plus de 98,8 % de chance de victoire.

Comment y parvient-elle ? Grâce à la même structure logique identifiée dans les figures impossibles de Penrose et d'Escher[18]. En essayant d'apposer un regard classique à la logique quantique en postulant la préexistence des résultats de mesure et de leur indépendance contextuelle, nous invoquons la contextualité quantique. Elle se manifeste par l'émergence d'un paradoxe logique, ici cousin du pentagramme impossible (figure à droite ci-dessous), qui lui permet de transcender les limites classiques.

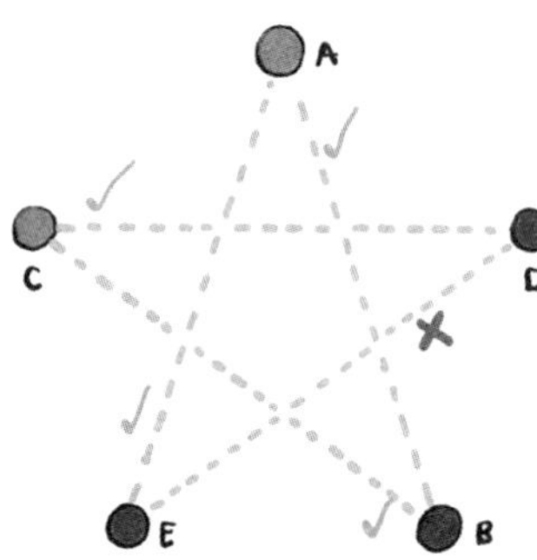

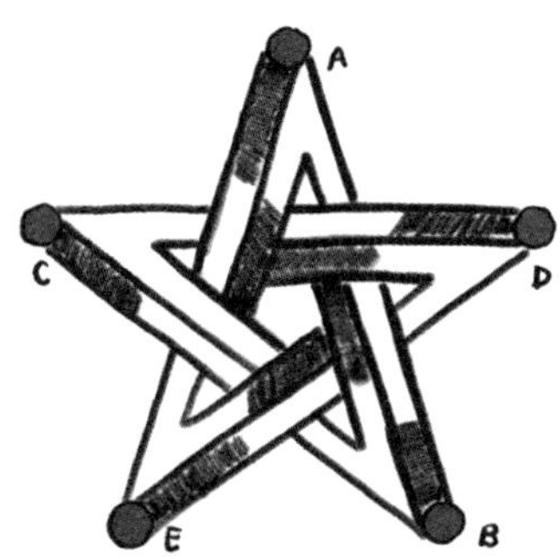

Aujourd'hui, un nombre croissant d'études suggèrent que la contextualité serait la ressource fondamentale cachée derrière l'énigmatique « avantage quantique » à l'origine des technologies quantiques, de la cryptographie au calcul[19]. Puisque la logique est une des briques fondamentales de l'informatique et que la contextualité exprime le caractère ineffable de la logique quantique, on peut s'attendre à ce que ce phénomène joue un rôle clé en informatique quantique.

Alors que l'exploration des applications de la contextualité quantique est en plein essor, son utilisation en recherche fondamentale[20] et la quête visant à saisir sa nature continuent[21]. Une chose est sûre : la contextualité est le véritable témoin du fait que toute tentative d'explication classique (qui, rappelons-le, ne sont pas les seuls types d'explications possibles, cf. Bibliographie Chapitre 6, note 30) de l'étrangeté quantique implique une sorte de machination : la Nature serait orchestrée avec subtilité de manière que notre monde empirique ne soit pas le reflet exact de la réalité, mais un théâtre peuplé d'influences cachées exotiques, dissimulées dans l'ombre.

***

Le souffle de l'explosion du nez de Pinocchio vous projette violemment en arrière, et vous vous retrouvez face contre terre, au centre d'un pentagramme tracé sur le sol, entouré par les moines à têtes de boîte. Le cauchemar continue. L'exorcisme du démon de la non-localité aurait donc échoué ? Peut-être parce qu'il n'était qu'une manifestation d'un démon plus fondamental, celui de la contextualité... Les moines placent un grand miroir devant vous, vous tendent une torche et annoncent l'épreuve suivante : il vous suffit d'allumer les vases se trouvant à chaque sommet de l'étoile à cinq branches qui constitue le pentacle. Réussissez et vous pourrez traverser le miroir, et quitter ce lieu maudit ; échouez, et vous serez condamnée à monter *et* descendre l'escalier sans fin, pour l'éternité. Vous vous attelez à la tâche avec ardeur, mais à votre grand désespoir vous ne parvenez pas à allumer plus de deux feux sur cinq. Chaque fois que vous essayez d'embraser deux vases reliés par une branche du pentagramme, l'un d'eux s'éteint aussitôt...

Sous l'emprise du piège, vous vous refaites le film de cette journée. Vous repensez aux têtes de boîte et leur escalier paradoxal, au jeu de cartes de Pinocchio et son étrange invocation, puis au pentacle. Enfin, vous déclarez : « Je suis en train de mentir. »

De nouveau, un grondement sourd. De nouveau, le temps s'arrête. Le miroir se met à briller d'une lumière aveuglante. L'éclat de votre torche se modifie et prend une lueur translucide, presque irréelle. Vous courrez de vase en vase, les allumant les uns après les autres, sans cesser de répéter votre étrange mantra. Vous n'attendez pas un instant. Vous vous élancez vers la lumière, sautez à travers le miroir et échappez à ce lieu de malheur.

Vous échouez sur une plage, solitaire. Les chants d'un banc de baleines résonnent. Un gigantesque cétacé s'approche avec précaution du rivage. Avant de repartir, il recrache un objet qui atterrit directement à vos pieds. Un livre. Vous le reconnaissez. C'est votre exemplaire de *De l'autre côté du miroir quantique*. Vous allez pouvoir finir votre lecture, en paix. Le démon de la contextualité enfin exorcisé, vous vous apprêtez à affronter l'ultime étrangeté quantique de cette aventure. Que pourrait-il y avoir de plus terrible ? Un inquiétant son d'horloge, à la fois familier et paranormal, résonne : « $|0\rangle$ *et* $|TIC\rangle + |1\rangle$ *et* $|TAC\rangle$ *!* ». Un paradoxe temporel vous attend…

EXORCISME DU DÉMON DE LA CONTEXTUALITÉ

Il existe un résultat théorique supportant rigoureusement l'énoncé « En physique quantique, le résultat d'une mesure dépend du contexte de la mesure » : c'est le théorème de Kochen-Specker (1967) qui démontre, par une preuve géométrique, que la logique quantique ne peut en aucun cas être appréhendée classiquement, même lorsque l'on tente de l'étendre et de la compléter. Ce résultat, la « contextualité », est un véritable témoin fondamental de l'étrangeté quantique, dont ce chapitre nous a dévoilé quelques secrets :

- la non-localité peut être interprétée comme un cas particulier de contextualité « à distance » ;
- l'histoire du théorème de Kochen-Specker est particulièrement romantique. Elle prend racine dans un questionnement théologique d'Ernst Specker : « Dieu peut-il refaire le monde avec des si ? » (Il est entendu que le théorème final n'a néanmoins rien à voir avec la théologie.) ;
- la contextualité quantique peut être représentée en images : le paradoxe logique qui la dévoile est semblable à celui qui nous saisit de stupeur lorsque l'on fait face aux figures impossibles d'Escher et de Penrose ;
- appartenant aux fondements de l'étrangeté quantique, la contextualité est *a fortiori* au cœur des avantages offerts par la logique quantique en informatique et en théorie de l'information ;
- la contextualité est la marque d'un « réel voilé[22] » : toute explication classique de la quantique implique des influences exotiques minutieusement cachées et inaccessibles dans notre monde empirique.

8

L'AVANT *ET* L'APRÈS, OU LE DÉMON DE LA CAUSALITÉ INDÉTERMINÉE

« *Le Temps est le moyen par lequel Dieu a réalisé l'inconcevable que P et non-P soient toutes les deux vraies.* »

Kurt Gödel, cité dans *Les Démons de Gödel. Logique et folie*, de Pierre Cassou-Noguès, Point, 2015, p. 47

« *Ah ça ! L'horloge de la vie s'est arrêtée tout à l'heure. Je ne suis plus au monde.* »

Arthur Rimbaud, « Nuit de l'Enfer », *Une saison en enfer*, 1873

INVOCATION DU DÉMON DE LA CAUSALITÉ INDÉTERMINÉE :

« $|0\rangle$ *et* $|TIC\rangle + |1\rangle$ *et* $|TAC\rangle$! »

L'indétermination est sans doute l'une des caractéristiques les plus célèbres de la théorie quantique. L'idée, presque inconcevable, que les propriétés physiques (position, vitesse, état en général) d'un objet puissent être en suspension existentielle, attendant la révélation d'une unique réponse tirée au hasard au sein d'un ballet de possibilités, fascine tout autant les néophytes que les spécialistes. Or, en recherche, l'émerveillement n'est jamais passif. C'est au contraire une force dynamique, une invitation à l'exploration, la source de nouvelles questions visant à repousser, toujours plus loin, les frontières de la connaissance… et à dévoiler de nouvelles étrangetés. Les propriétés d'une particule peuvent être indéterminées. Certes. Mais que se passerait-il si l'indétermination quantique pouvait s'étendre à autre chose, par exemple le temps ou la généalogie des événements ? La causalité pourrait-elle, elle aussi, être indéterminée ?

La causalité, c'est ce lien qui permet d'expliquer comment un événement (la cause) peut en influencer un autre (l'effet). Il est communément admis que tout effet est précédé par la cause qui l'a fait naître. Par exemple, imaginez que votre chat ronronne parce qu'il a apprécié que vous lui donniez des croquettes. L'évènement « votre chat ronronne » (effet) est issu de l'évènement « vous donnez des croquettes à votre chat » (cause) qui appartient donc à son passé. Le passé étant passé, il ne peut aucunement être modifié.

Il s'agit d'un principe fondamental de la science : celle-ci consiste en général à trouver les explications causales, c'est-à-dire les liens de causes à effets, des phénomènes observés. Cependant, la physique quantique a conduit à mettre en doute les intuitions que nous portions sur ce concept *a priori* élémentaire. Le théorème de Bell (cf. Chapitre 6) a montré que certaines corrélations quantiques n'admettent pas d'explication causale classique sans conséquences : soit ces corrélations n'ont tout simplement pas de cause, soit la généalogie des événements leur ayant donné naissance s'est établie plus rapidement que la vitesse de la lumière (sans qu'il soit pour autant possible de communiquer plus vite que la lumière, ce qui peut sembler « conspiratoire ») ; dernière possibilité : les corrélations s'expliquent par des réglages fins des paramètres de l'Univers de telle sorte que la chronologie des évènements était déterminée avant même que ceux-ci n'aient eu lieu.

Ces explications exotiques ont amené les scientifiques à s'interroger : et si la physique quantique nous invitait plutôt à considérer que la façon dont les événements s'influencent et s'organisent pouvait échapper à notre intuition ? Pourrait-il exister une forme de « causalité quantique », par laquelle l'ordre « votre chat ronronne » parce que « vous donnez des croquettes à votre chat » et « vous donnez des croquettes à votre chat » parce que « votre chat ronronne » serait indéterminé ? Une chronologie en attente, qui rappellerait alors diablement le chat de Schrödinger qui semble suspendu entre un état de vie et de mort. Quelles en seraient les conséquences ? Une telle indétermination causale serait-elle la solution pour éviter les paradoxes lors d'un voyage temporel ? Pourrait-on remonter grâce à elle dans le passé en toute sérénité ? Quelle nouvelle forme de communication exotique mettrait-elle en évidence ? Remettrait-elle en cause la notion même d'événement ? Partons donc à la rencontre des secrets du démon de la causalité indéterminée…

***

Un bruit étrange vient parasiter vos pensées. Vous l'aviez déjà remarqué au moment de commencer votre lecture, mais celui-ci est incessant, et il vous est à présent impossible de l'ignorer. TIC… TAC… TIC… TAC… Vous vous levez et marchez en direction de la source. Vous voici sur une nouvelle plage… jonchée de squelettes. Des centaines, peut-être des milliers d'ossements échoués sur le sable. Une chose étrange vous frappe : tous, bien que vraisemblablement d'âges différents car plus ou moins marqués par l'érosion, partagent exactement la même morphologie. Le plus jeune d'entre eux tient l'origine des perturbations sonores dans ses mains : une montre à gousset, qu'il semble vous inviter à saisir. À l'instant même où vous vous en emparez, les TIC… TAC… résonnent à travers tout votre être. Votre regard est alors soudainement attiré par une bouteille en verre, que le squelette tient sous son autre bras. Vous vous empressez de dérouler et lire le message qu'elle contient.

Il s'agit d'une lettre très ancienne, étrangement surmontée du symbole $|0\rangle$, écrite « depuis les portes des Enfers » par la sorcière Circé à la nymphe Scylla. Circé y avoue avoir été la cause de la transformation de son amie en monstre, par jalousie, sans oser demander pardon. Elle se résigne à mourir de honte au fond du Tartare. Si seulement elle avait eu le temps de la revoir et lui parler une dernière fois…

Un sentiment inexplicable de « déjà-lu » vous submerge, comme si vous viviez ce rendez-vous manqué au plus profond de vous-même. Des mots émergent dans votre esprit : une lettre imaginaire de Scylla, qui, avant dc partir pour toujours, souhaite informer Circé qu'elle est au courant, qu'elle a toujours su. Si seulement elle avait eu le temps de la revoir et lui parler une dernière fois…

Vous reprenez peu à peu vos esprits. Vous vous remémorez l'histoire de Circé, cette puissante nymphe moquée par les dieux et dénigrée par les hommes, qui – sous les ordres du dieu Glaucos, furieux d'avoir vu ses avances refusées – empoisonna Scylla et la transforma en créature marine. La tragédie de leur destin vous saisit : n'existe-t-il aucun moyen d'arracher ces deux amies à la sinistre toile tissée par la causalité ? Vous reprenez votre lecture, à la recherche d'éventuels indices qui vous permettraient d'imaginer une situation qui sortirait Circé et Scylla de leur triste sort.

« Méta-opérations » quantiques

Commençons par un rappel. À la différence d'un ordinateur classique, qui reçoit et renvoie des 0 et des 1 (bits) après une opération (le « calcul »), l'ordinateur quantique calcule avec des qubits, qui peuvent prendre les valeurs standards $|0\rangle$ et $|1\rangle$ mais également toutes les superpositions ($|+\rangle$) possibles de $|0\rangle$ et $|1\rangle$. Néanmoins, en 2009, des chercheurs[1] ont remarqué qu'il ne s'agit pas de la seule façon de calculer avec la physique quantique. Plutôt que de se limiter aux qubits, il serait possible d'effectuer des calculs à un ordre d'abstraction supérieur, au niveau des transformations physiques des qubits. Autrement dit, plutôt que de se soucier des expériences de physique quantique effectuées à l'intérieur des laboratoires de deux observateurs – que nous nommerons Circé et Scylla – sur des qubits, on s'intéresse ici à la façon dont ces laboratoires peuvent être reliés entre eux par des « opérations d'opérations quantiques » : des « méta-opérations ».

Imaginons que *Circé* et *Scylla* sont deux expérimentatrices qui se trouvent enfermées chacune dans leur laboratoire respectif, séparés l'un de l'autre. Chaque laboratoire contient une porte d'entrée et une porte de sortie que peut emprunter une unique particule, avec laquelle les deux expérimentatrices peuvent décoder et encoder des messages en effectuant chacune une unique opération quantique. Cependant, l'ordre de ces opérations n'est pas de leur fait, mais il dépend d'une opération d'ordre supérieur – une méta-opération – que l'on peut interpréter comme des canaux de communication qui connectent le point de départ de la particule aux entrées des laboratoires, relient les laboratoires entre eux et les sorties des laboratoires à un point d'arrivée. Par exemple, si le point de départ est l'entrée du laboratoire de Circé, que sa sortie communique avec l'entrée de Scylla (dont la sortie est elle-même connectée au point d'arrivée), alors Circé peut communiquer un message à Scylla. En revanche, impossible pour Scylla de communiquer à Circé : on dit que la méta-opération est telle que « Circé est dans le passé causal de Scylla ». On peut aussi facilement imaginer par symétrie une méta-opération telle que « Scylla est dans le passé causal de Circé ». Dans les deux cas, l'ordre causal entre Scylla et Circé est toujours bien défini. C'est ainsi que fonctionnent nos communications classiques, ainsi que les communications quantiques standards.

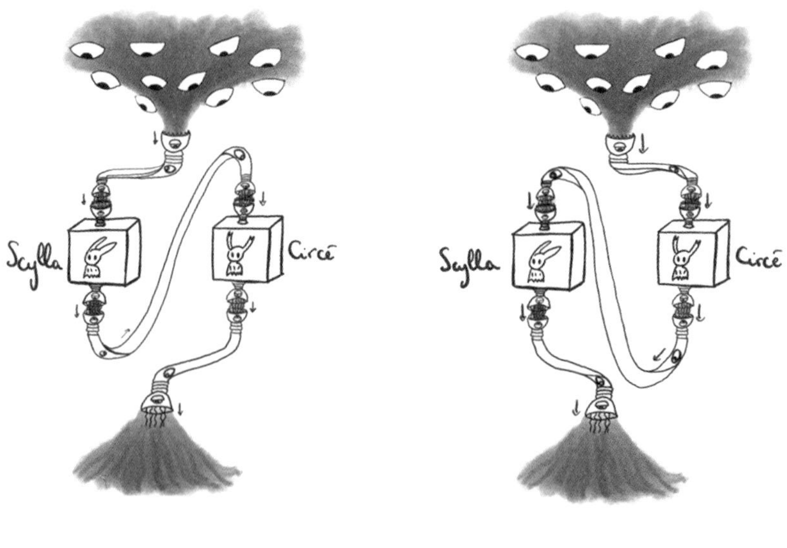

Mais pourrait-il exister d'autres formes de communications, plus exotiques ? Par exemple, une méta-opération qui relierait la sortie de Circé à l'entrée de Scylla *et* la sortie de Scylla à l'entrée de Circé. Celle-ci conduirait à une situation où « … Circé, qui est dans le passé causal de Scylla, qui est dans le passé causal de… ». Une boucle causale, qui pourrait permettre de faire un saut dans le passé…

Anomalies causales

Effectuons donc ce fameux « saut dans le passé ». Nous sommes à l'aube des années cinquante. Kurt Gödel, l'un des plus grands mathématiciens de l'histoire, s'intéresse à la théorie de la relativité générale de son ami Albert Einstein. Il découvre que les équations de la théorie autorisent l'existence de structures géométriques conduisant à des boucles causales. Bien qu'hypothétiques, le simple fait que de celles-ci soient autorisées par la théorie pose de grands soucis. Car, qui dit boucles causales, dit « voyage dans le passé », et toutes les situations absurdes mettant en péril la généalogie des événements qui continuent aujourd'hui d'alimenter les récits de science-fiction les plus fous.

La plus célèbre de ces anomalies causales est sans aucun doute le *paradoxe du grand-père*, dans lequel un effet *supprime* sa propre cause. Imaginez qu'un voyageur temporel emprunte une boucle causale, et que celle-ci le ramène dans son propre passé, à une époque où son grand-père, encore jeune, n'a pas encore rencontré sa grand-mère. Imaginez ensuite qu'à cette même époque le voyageur temporel provoque par inadvertance la mort de son ancêtre. Ce dernier n'aura donc jamais rencontré la grand-mère du voyageur. Ils n'auront donc jamais eu de descendance…, et le voyageur temporel n'aura jamais existé. Mais si le voyageur temporel n'a jamais existé, comment a-t-il pu voyager dans le temps et entraîner le décès de son grand-père ? La boucle causale semble conduire à la réalisation physique d'une véritable autocontradiction logique : une situation essentiellement absurde, qui échappe à toute tentative d'appréhension dès que l'on tente de s'imaginer à la place du voyageur, suspendu dans un état d'existence qui provoque sa propre inexistence.

Un autre paradoxe causal met également en péril la notion de généalogie des événements. Imaginez que, au lieu de causer la mort de son ancêtre, le voyageur temporel provoque plutôt la rencontre de ses grands-parents. Grâce à lui, ils fondent une famille, ont un enfant, qui plus tard donnera naissance au voyageur temporel. Ici, la stabilité logique est préservée. Cependant, une anomalie surgit dès que l'on pose la question de l'origine : quel évènement est la cause de l'autre ? Est-ce que la rencontre des grands-parents est à l'origine de l'existence du voyageur temporel ? Ou bien est-ce l'existence du voyageur temporel qui est à l'origine de la rencontre des grands-parents ? Il semble que nous soyons contraints de répondre par l'affirmative dans les deux cas. Les deux évènements sont tous les deux à l'origine l'un de l'autre. Si l'existence du voyageur temporel conduit à la rencontre des grands-parents qui conduit à l'existence du voyageur temporel, alors l'existence du voyageur temporel conduit à sa propre existence. De même, la rencontre des grands-parents conduit à la rencontre des grands-parents… C'est le *paradoxe de l'écrivain*[2], une situation dans laquelle un effet *est* sa propre cause. Des événements sans véritable origine, voués à s'autoréaliser pour l'éternité.

Les boucles causales semblent inévitablement être la cause de paradoxes mettant en danger non seulement la logique, mais les fondements de la réalité physique elle-même. Le célèbre cosmologiste Stephen Hawking pensait ainsi qu'il devrait exister un phénomène au sein de notre Univers qui agirait comme « une agence de protection de la chronologie », empêchant l'apparition de telles structures, afin de « rendre l'Univers sans danger pour les historiens[3] ». Une solution moins radicale serait d'imaginer que, dans le cas où de telles boucles existeraient, une forme de police temporelle, un minutieux paramétrage de l'Univers, ferait en sorte qu'il soit impossible de générer de paradoxes : vous auriez beau tout faire pour commettre un parricide temporel ou une autogenèse, vous auriez beau *pouvoir* le faire, vous ne le feriez jamais[4]… Votre liberté d'agir s'en trouverait fortement réduite.

Pourrait-il exister d'autres formes de méta-opérations, des canaux de communications exotiques, certes, mais sans pour autant se trouver piégées dans une boucle paradoxale ? Des boucles causales qui permettraient à Circé et à Scylla de communiquer entre elles les messages de leur choix, tout en évitant de telles anomalies ? Et si nous nous inspirions de la théorie quantique pour éviter ces paradoxes et assurer des voyages temporels exempts de crises existentielles ? Après tout, nous avons vu que « $|0\rangle + |1\rangle$ » ne signifie pas « $|0\rangle$ *et* $|1\rangle$ » mais évite au contraire le paradoxe en mettant la réalisation de $|0\rangle$ ou de $|1\rangle$ en suspens, *de façon indéterminée.*

REFLET POP'

Le voyageur imprudent de René Barjavel (1944) est une des premières œuvres où le paradoxe du grand-père apparaît. Dans un épilogue intitulé « Être *et* ne pas être », l'écrivain remarque qu'aucune métaphore ne peut aider à comprendre « l'état d'existence » d'un voyageur temporel subissant ce paradoxe et que « seuls pourraient peut-être s'en faire une très vague idée les grands physiciens de notre temps, spécialistes des particules constituantes de l'atome. » Le paradoxe de l'écrivain apparaît, quant à lui, de façon aussi inventive que sinistre dans la nouvelle *Vous les zombies* de Robert Heinlein (1959) et la série de science-fiction *Dark* (2017-2020).

Vous avez à peine le temps de scruter le symbole $|0\rangle$ en ouverture de la lettre dans l'espoir secret qu'il se transforme en $|+\rangle$ qu'une tempête éclate. TIC… TAC… Une envie irrésistible vous pousse à plonger dans l'océan. TIC… TAC… Vous nagez de toutes vos forces en direction d'un gigantesque maelström. TIC… TAC… Le trou noir océanique vous engloutit. Vous perdez toute notion d'espace et de temps. Le haut devient bas, le bas devient haut. Les TIC font TAC et les TAC font TIC.

Vous reprenez vos esprits… sous la forme d'une créature marine, au milieu d'un banc de baleines. Le rythme des TAC… TIC… a repris, guidant votre groupe vers la côte, sur le lieu de votre échouage initial. Une silhouette se dessine à l'horizon. Soudain, une sensation étrange vous envahit. Quelque chose bloque votre trachée. Vous crachez un livre, qui atterrit aux pieds de cette figure mystérieuse.

Alors que vous vous éloignez du rivage, les TAC… TIC… vous pressent de retourner au cimetière des squelettes. En sortant de l'eau, vous reprenez forme humaine, mais votre mue est incomplète. Vous n'avez même plus la peau sur les os. Les TAC… TIC… s'intensifient encore, et vous découvrez enfin leur source : une montre à gousset, enchaînée entre vos côtes, à la place de votre cœur.

TAC… TIC… L'appel devient irrésistible. Vous perdez le contrôle de vos mouvements. TAC… Vous assistez, incapable d'agir, au spectacle de ce qui reste de votre corps… TIC… Retirant la montre de sa cage thoracique… TAC… Avant de la tendre vers la lumière dans un geste ultime, espérant que son successeur échappera enfin à cette boucle infernale… TIC…

***

TAC… TIC… Un bruit étrange vient parasiter vos pensées. Vous l'aviez déjà remarqué au moment de commencer votre lecture, mais celui-ci est incessant, et il vous est à présent impossible de l'ignorer. TAC… TIC… TAC… TIC… Vous vous levez et marchez en direction de la source. Vous voici sur une nouvelle plage… jonchée de squelettes. Des centaines, peut-être des milliers, d'ossements échoués sur le sable. Une chose étrange vous frappe : tous, bien que vraisemblablement d'âges différents car plus ou moins marqués par l'érosion, partagent exactement la même morphologie. Le plus jeune d'entre eux tient l'origine des perturbations sonores dans ses mains : une montre à gousset, qu'il semble vous inviter à saisir. À l'instant même où vous vous en emparez, les TAC… TIC… résonnent à travers tout votre être. Votre regard est alors soudainement attiré par une bouteille à la mer, que le squelette tient sous son autre bras. Vous vous empressez de dérouler et lire le message qu'elle contient.

Il s'agit d'une lettre très ancienne, étrangement surmontée du symbole $|1\rangle$, écrite « depuis les portes des Enfers » par la nymphe Scylla à la sorcière Circé. Scylla y explique qu'elle a toujours su que son amie était la cause de sa transformation en monstre, mais qu'elle a préféré déverser sa colère sur les marins passagers plutôt que de la confronter. Elle se résigne à mourir de honte au fond du Tartare. Si seulement elle avait eu le temps de la revoir et lui parler une dernière fois…

Un sentiment inexplicable de déjà-lu vous submerge, comme si vous viviez ce rendez-vous manqué au plus profond de vous-même.

Des mots émergent dans votre esprit : une lettre imaginaire de Circé, qui, avant de partir pour toujours, souhaite informer Scylla qu'elle est coupable, qu'elle est rongée par les remords. Si seulement elle avait eu le temps de la revoir et lui parler une dernière fois...

Vous reprenez peu à peu vos esprits. Votre regard est attiré par le symbole $|1\rangle$ en ouverture de la lettre. Existerait-il un monde où il serait remplacé par $|0\rangle$, et où Circé, et non Scylla, en saurait l'autrice ? Dans les deux cas, l'expéditrice du message ne pourra jamais être informée du message de la destinataire. Dans le monde $|0\rangle$, Circé meurt en demandant pardon, conduisant Scylla à écrire une réponse qui ne sera jamais lue ; tandis que dans votre monde $|1\rangle$, Scylla disparaît la première, informant Circé qu'elle était au courant de sa trahison, ce qui conduit cette dernière à écrire des aveux qui ne seront jamais lus.

La tragédie de leur destin vous saisit : n'existe-t-il aucun moyen d'arracher ces deux amies à la sinistre toile tissée par la causalité ? Vous reprenez votre lecture, à la recherche d'éventuels indices qui vous permettraient d'imaginer une situation qui sortirait Circé et Scylla de leur triste sort.

Boucles causales quantiques

En 1991, David Deutsch, l'un des grands pionniers de l'algorithmique quantique, proposa d'étudier les boucles causales dans le même langage mathématique que celui utilisé en informatique quantique[5]. Deutsch préconise d'utiliser un modèle de boucle causale qui s'inspire de l'interprétation des mondes multiples de la théorie quantique. Le paradoxe du grand-père (le plus problématique) est évité du fait qu'il existe une multitude de mondes en superposition quantique : un monde où le voyageur temporel et son grand-père sont vivants et un monde où une jeune copie du grand-père a été tuée par le voyageur temporel peuvent ainsi coexister sans contradiction.

Une autre solution[6], proposée en 2005 par Charles Bennett, l'un des pères de la cryptographie quantique, consiste à utiliser la téléportation quantique (dont Bennett est l'un des découvreurs) accompagnée d'un « gardien de la chronologie » moins sévère que celui imaginé par Hawking, qui autoriserait les boucles causales tout en interdisant les paradoxes : au sein d'une telle boucle, l'information du voyageur temporel pourrait être téléportée dans son passé si et seulement s'il est garanti qu'il lui est impossible de tuer son ancêtre ou de provoquer sa naissance.

Cependant, ces boucles causales quantiques présentent toutes deux des pathologies : elles permettent d'effectuer des tâches connues pour être impossibles en physique quantique, par exemple… cloner de l'information quantique (cf. Chapitre 5). Ainsi, bien qu'elles soient intéressantes à étudier d'un point de vue théorique, la probabilité que ces modèles puissent un jour avoir un intérêt concret est assez faible.

Les boucles causales de Deutsch et de Bennett permettent d'effectuer des tâches impossibles… Ne pourrait-on pas imaginer une autre forme de boucles, de canaux de communications exotiques, qui permettraient de mettre en suspens l'ordre des évènements tout en évitant les paradoxes *et* les effets indésirables ? Et s'il nous suffisait pour cela de « *boucler la boucle* », de revenir à la case départ et de réveiller notre animal quantique favori qui sommeillait au fond de sa boîte ?

Un chat de Schrödinger causal : le « quantum switch »

Dans l'expérience du chat de Schrödinger, un chat et une particule quantique sont enfermés dans une boîte contenant un dispositif mortel qui s'active si la particule est dans l'état $|1\rangle$. Si la particule est dans l'état $|0\rangle$, le chat est laissé indemne. Enfin, si l'état de la particule est dans un état superposé, une addition $|0\rangle$ et de $|1\rangle$, cette indétermination quantique contamine l'état du chat, qui se retrouve lui aussi indéterminé. Ainsi, l'état de vie ou de mort du chat est « *contrôlé quantiquement* » par celui de la particule.

Des théoriciens ont découvert une méta-opération (une opération d'opération, pouvant symboliser un moyen de communication entre laboratoires) qui consisterait à réaliser le contrôle quantique non pas de l'état de vie ou de mort d'un chat, mais de l'ordre des opérations effectuées sur un qubit « cible » (distinct du qubit de « contrôle »). Ils ont nommé cette étrange méta-opération quantique « *le quantum switch* » (« l'interrupteur quantique[7] »).

Le fonctionnement de ce *quantum switch* est le suivant. Prenez une (très grosse) boîte dans laquelle sont placés une particule quantique ainsi que les laboratoires de Circé et Scylla. Nous faisons l'hypothèse que ces laboratoires sont séparés l'un de l'autre et qu'ils comportent chacun une porte d'entrée et une porte de sortie. La particule peut pénétrer dans un laboratoire, subir une transformation de la part de l'expérimentatrice, puis quitter les lieux. Circé et Scylla effectuent des transformations sur une des propriétés de la particule, dit « état cible », mais elles n'ont pas accès à l'information sur ledit « état de contrôle », qui configure comment leurs laboratoires sont liés l'un à l'autre.

Imaginez que la boîte contienne également le dispositif suivant : si la particule est mesurée dans l'état $|0\rangle$, le dispositif met en place des canaux de communications de telle sorte que la particule est d'abord envoyée à Circé, subit une expérience de physique quantique, puis prend la sortie du laboratoire de Circé. Celle-ci est connectée directement à l'entrée du laboratoire de Scylla, qui effectue à son tour une expérience sur la particule. Tandis que Circé peut communiquer avec elle (par exemple en faisant en sorte d'encoder un message sur la particule à l'aide de son expérience), Scylla ne peut pas envoyer d'information à Circé. Ainsi, « Circé est dans le passé causal de Scylla ».

Si la particule est mesurée dans l'état $|1\rangle$, le dispositif s'active et met en place des canaux de communications correspondant à la situation opposée : cette fois, la particule entre d'abord dans le laboratoire de Scylla, dont la sortie est connectée à l'entrée du laboratoire de Circé, de telle sorte que « Scylla est dans le passé causal de Circé ».

Enfin, si l'état de contrôle est mesuré dans un état superposé, cette indétermination contamine l'ordre causal des expériences de Circé et Scylla, qui se retrouve lui aussi indéterminé !

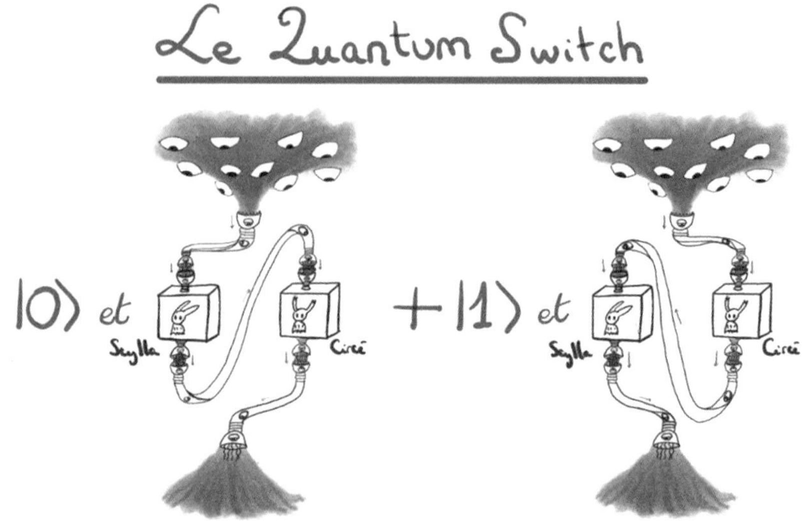

Pour résumer, pour réaliser un *quantum switch*, il suffit de remplacer « le chat est vivant » et « le chat est mort » dans l'expérience du chat de Schrödinger par « Circé est dans le passé causal de Scylla » et « Scylla est dans le passé causal de Circé », et le tour est joué ! L'expérience de pensée semble simple en apparence, mais comment la transposer dans le monde réel ? Pour générer des ordres causaux indéterminés, la physique quantique seule pourrait ne pas suffire : des effets gravitationnels exotiques seraient vraisemblablement nécessaires, comme des opérations contrôlées par un champ gravitationnel intriqué avec un objet massif en superposition de deux positions[8]. Plus facile à dire qu'à faire… Néanmoins, d'excellentes simulations de cette méta-opération, sans faire appel à une gravité quantique, ont déjà été réalisées en laboratoire avec des photons par deux équipes indépendantes de l'université de Vienne et de Queensland[9]. Bien qu'au cours de l'expérience, Circé et Scylla (qui étaient représentées par deux appareils de mesures) n'étaient pas (discutablement) fondamentalement dans une relation causale indéterminée, cette preuve de principe est déjà suffisante pour obtenir divers avantages informatiques, notamment en métrologie et en communications.

Application et interprétation de la non-séparabilité causale

Les avantages informatiques du *quantum switch* reposent principalement sur un jeu fondamental. Imaginez un scénario où seules les deux situations suivantes sont possibles : les actions, uniques, de Circé et Scylla sont telles que leur ordre n'a aucune importance, « Circé est dans le passé causal de Scylla » et « Scylla est dans le passé causal de Circé » conduisent en pratique à transmettre exactement le même signal ; ou bien elles conduisent à transmettre un signal au contenu identique mais ne lui donnent pas la même forme. Le but du jeu : identifier laquelle de ces deux situations a lieu. Si l'ordre des opérations de Circé et de Scylla est bien défini, il est impossible de gagner avec certitude : pour pouvoir différencier les deux contextes, il faudrait que Circé ou Scylla agisse plus d'une fois. Cependant, si leur ordre est indéterminé dans un *quantum switch*, c'est tout à fait possible ! Grâce à ce nouveau phénomène, il est donc possible, dans certains cas particuliers, d'économiser le nombre d'opérations nécessaires à la résolution d'un problème.

Ces avantages invitent indéniablement à un autre type de question : au-delà de l'aspect pratique, que signifie « être dans une relation causale indéterminée ? » Imaginons que les laboratoires de Circé et de Scylla se trouvent au sein d'un *quantum switch*. Comment l'expérience de cette causalité indéterminée serait-elle vécue par l'une et l'autre ? À l'intérieur de chaque laboratoire, rien de particulier à signaler. Une particule entre par la porte d'entrée, l'expérimentatrice effectue une transformation sur son état, puis la particule quitte le laboratoire par la porte de sortie. Mais du point de vue de Circé, où se situerait Scylla ? Dans son passé ? Dans son futur ?

Ni l'un, ni l'autre. Scylla est dans le passé et dans le futur de Circé[10] *de façon indéterminée*. De même, du point de vue de Scylla, Circé est dans son passé et dans son futur *de façon indéterminée*. Comme si les évènements « votre chat ronronne » et « vous donnez des croquettes à votre chat » pouvaient être pris au piège dans un « paradoxe de l'œuf et de la poule » quantique. Comme si la question « Qui est apparu en premier ? » était *indécidable* (cf. Chapitre 4). Cette bizarrerie résulte du fait que les relations causales « Circé est dans le passé causal de Scylla » et « Scylla est dans le passé causal de Circé » sont entremêlées et ne peuvent pas être séparées. Le *quantum switch*, la méta-opération reliant les laboratoires de Circé et Scylla, est *causalement non-séparable*[11]. Une nouvelle venue au pandémonium (le panthéon des démons) quantique... qui ne se limite pas au *quantum switch* !

Certaines méta-opérations hypothétiques, encore plus étranges, pourraient générer des corrélations « *non-causales*[12] » : elles correspondraient à des événements s'établissant à la fois du passé vers le futur et du futur vers le passé, sans permettre pour autant d'utiliser ces étranges canaux pour communiquer avec le passé. Ce phénomène de non-causalité reste théorique. Son statut est encore indéterminé : simple artefact mathématique ou réelle étrangeté de la Nature ? Si ces boucles causales devaient exister, elles seraient dotées d'une caractéristique très étonnante : à l'intérieur de l'une d'entre elles, vous auriez la liberté d'agir comme bon vous semble, sans risquer de générer d'affreux paradoxes... et sans les effets indésirables des propositions de Deutsch et de Bennett ! Les relations de cause à effet, plutôt que d'être simplement confondues, s'enchevêtreraient, donnant lieu à un étrange mélange (non-)causal qui échapperait aux aberrations mathématiques et métaphysiques. Si vous avez du mal à le concevoir, c'est tout à fait normal (et c'est même plutôt rassurant !). La recherche au sujet de ces nouvelles boucles causales n'en est qu'à ses balbutiements, et celles-ci sont loin d'avoir livré tous leurs secrets.

***

Et si la solution était là ? À défaut de pouvoir donner du temps supplémentaire à Circé et Scylla afin qu'elles puissent se réconcilier, et si les nymphes se retrouvaient suspendues dans une relation de causalité indéterminée semblable à celle provoquée par un *quantum switch* ? Vous avez à peine le temps de scruter le symbole $|1\rangle$ en ouverture de la lettre dans l'espoir secret qu'il se transforme en $|+\rangle$ et de porter la montre à votre oreille en espérant entendre un « $|0\rangle \otimes |TIC\rangle + |1\rangle \otimes |TAC\rangle$ » qu'une tempête éclate. TAC... TIC... Une envie irrésistible vous pousse à plonger dans l'océan. TAC... TIC... Vous nagez de toutes vos forces en direction d'un gigantesque maelström. TAC... TIC... Le trou noir océanique vous engloutit. Vous perdez toute notion d'espace et de temps. Le haut devient bas, le bas devient haut. Les TAC font TIC et les TIC font TAC...

Vous reprenez vos esprits*… sous la forme d'une créature marine, au milieu d'un banc de baleines. Le rythme des TAC… TIC… a repris, guidant votre groupe vers la côte, sur le lieu de votre échouage initial. Une silhouette se dessine à l'horizon. Soudain, une sensation étrange vous envahit. Quelque chose bloque votre trachée. Vous crachez un livre, qui atterrit aux pieds de cette figure mystérieuse.

Alors que vous vous éloignez du rivage, les TAC… TIC… vous pressent de retourner au cimetière des squelettes. En sortant de l'eau, vous reprenez forme humaine, et votre mue est parfaite.

Le rythme des TIC… TAC… s'intensifie encore, TIC.TAC.TIC., de sorte qu'ils deviennent indiscernables. Au milieu des ossements de votre passé, un grand miroir apparaît. Avant d'en franchir le seuil, vous levez les yeux vers le haut de l'armature qui ornemente la paroi de verre et y trouvez l'origine de cette cadence indéterminée. Une horloge, surmontée du symbole $|+\rangle$… Cette vision vous apaise et donne le signal de votre départ. Le démon de la causalité indéterminé est exorcisé : vous êtes enfin libre de vous extraire de cette boucle démoniaque et de partir en quête de nouveaux horizons en traversant, une dernière fois, le miroir.

$$« |0\rangle \otimes |TIC\rangle + |1\rangle \otimes |TAC\rangle »$$

* … dans un espace inconnu, confiné, où les distances sont contractées et le temps suspendu. Vous avez le sentiment étrange et merveilleux que tout peut arriver dans ce royaume clandestin. Pour la première fois depuis que vous avez ouvert ce livre, vous vous sentez vraiment libre. Libre de créer un paysage à la fois étrange et familier, d'inventer un nouveau foyer. Libre de voyager dans ce hors-temps, d'adhérer entièrement à l'instant présent. Libre d'explorer les souterrains du possible, au-delà des sentiers battus, et d'inventer des formes de communication inédites. Libre, de ne pas choisir, de laisser les contingences en suspens, de ne pas les aliéner en les projetant dans un monde incapable de rendre compte de toute leur richesse. Libre de vous défaire du carcan des TIC-TAC, de les manipuler à votre guise, de les entremêler, de sonner l'heure du « $|0\rangle \otimes |TIC\rangle + |1\rangle \otimes |TAC\rangle$ ». Libre d'écrire $|+\rangle$, de suspendre le destin de Circé et Scylla et d'enchevêtrer leur relation causale. Libre de vous assurer qu'une fois de retour dans la strate de réalité inférieure, vous ayez accès à une porte de sortie, qui vous permettra d'échapper à la boucle. Libre de continuer à vagabonder dans l'espace des notes de bas de page et de décider que, finalement, vous êtes un peu trop à l'étroit ici. Libre, enfin, quand vous le sentez, d'ouvrir les yeux, et de reprendre la page…

EXORCISME DU DÉMON DE LA CAUSALITÉ INDÉTERMINÉE

Et si l'on étendait le concept d'indétermination, jusque-là réservé aux propriétés des particules quantiques, aux relations de cause à effet ? C'est la folle idée qui se cache derrière le phénomène de « causalité indéterminée », la nouvelle étrangeté introduite dans ce chapitre :

- en 2009, des chercheurs ont développé une nouvelle approche de calcul quantique, dans laquelle celui-ci ne reposerait pas directement sur des qubits, mais sur des transformations de qubits ;
- l'ordre des opérations quantiques effectuées sur une particule par deux expérimentatrices (Circé et Scylla) dans des laboratoires séparés, la façon dont ces laboratoires communiquent, est entièrement décrit par une méta-opération, *i.e.* une opération sur ces opérations ;
- cet ordre « causal » peut être bien défini… ou non. Mais l'indétermination causale peut avoir de graves conséquences : lorsqu'une méta-opération décrit une boucle, elle peut en général conduire à de terribles paradoxes, tels que le paradoxe du grand-père (un effet supprime sa propre cause) ou le paradoxe de l'écrivain (un effet est sa propre cause) ;
- il existe néanmoins des boucles causales sans paradoxes, ni anomalies, et compatibles avec une totale liberté d'agir. C'est le cas du « *quantum switch* », une méta-opération où l'ordre de deux opérations est quantiquement indéterminé. Une forme de chat de Schrödinger causal, où l'état de vie ou de mort du chat est remplacé par « Circé est dans le passé causal de Scylla » et « Scylla est dans le passé causal d'Alice ». Ce *quantum switch* a par ailleurs été réalisé (simulé) en laboratoire et offre divers avantages en métrologie et communication quantique ;

- dans un *quantum switch*, les relations causales entre Circé et Scylla sont ainsi totalement entremêlées : on parle de « non-séparabilité causale ». Il existe néanmoins d'autres méta-opérations causalement non-séparables, plus hypothétiques, et plus étranges : elles pourraient conduire à la génération de corrélations « non-causales », *i.e.* à une situation où passé et futur semblent se confondre, sans qu'il soit pour autant possible de les utiliser pour communiquer dans le passé… Recherche en cours !

Épilogue

MONTÉE : LE DESTIN D'ORPHÉE

> « *La science doit commencer avec des mythes, et avec la critique des mythes.* »
>
> Karl Popper, *Conjectures and Refutations: The Growth of Scientific Knowledge*, 2002

Notre périple à la rencontre de « l'étrangeté quantique » s'achève. Il est temps d'entamer, progressivement, notre « *anabase* », notre remontée vers la surface. Mais rien ne nous empêche sur le chemin de retour de collecter les souvenirs de notre aventure de l'autre côté du miroir quantique, et de nous adonner une dernière fois à l'autoréflexion.

Le « monde quantique » est régulièrement hanté par la démonisation des phénomènes qu'il abrite. Des incantations, trompeuses et prétendument poétiques, viennent occulter à grand renfort de métaphores la subtilité et la complexité de ce que pourrait dire la théorie quantique du réel ou de notre rapport à lui. Bien sûr, poésie et images jouent un rôle indéniable dans la transmission du savoir scientifique. Refuser leur usage en raison de leur « trahison » ou de leur imprécision serait une bêtise. Mais il est important de garder à l'esprit qu'aucune métaphore n'est parfaite. « C'est comme si » ne signifie pas « C'est ainsi ». Il existe néanmoins des images plus précises que d'autres : certaines présentées dans ce livre s'incarnent sous forme de figures géométriques et d'analogies logiques, plus proches de la réalité mathématique de la théorie quantique. Ces représentations sont des alliées efficaces pour exorciser les phénomènes mystifiés et déconstruire les idées reçues, mais gardons en mémoire qu'elles restent des représentations. « La nature est un livre écrit en langage mathématique », comme disait Galilée. Dans ce langage, l'ambiguïté poétique laisse place à des concepts clairs, des définitions précises et des démonstrations rigoureuses. Pour parler correctement de la théorie quantique sans lui porter aucun préjudice, il faut sans doute, *in fine*, apprendre son langage, et s'exprimer en termes « d'espace de Hilbert », de « vecteurs », de « matrices », et autres éléments « d'algèbre linéaire ». À partir de ce socle rigoureux, plusieurs voies sont possibles : ne rien changer et se contenter (tristement) de calculer, interpréter les fondements de la théorie, la reconstruire à partir de principes physiques simples...

Ces méthodes de recherche fondamentale ne sont pas des tentatives poétiques hasardeuses. Une « interprétation » de la théorie quantique n'est pas simplement une histoire. Il s'agit d'un modèle de compréhension scientifique, qui obéit à une certaine « *meta* » : parcimonie des hypothèses, falsifiabilité expérimentale ou encore fécondité scientifique... Nous pourrions inventer une fable, dans un monde imaginaire peuplé d'étranges créatures invisibles tels que des serpent-boas quantiques, monstres marins et autres malins démons, permettant de « raconter » les équations quantiques. Elle n'aurait aucune crédibilité scientifique, puisqu'elle sortirait complètement des clous de la « *meta* » scientifique. Lorsqu'ils sont associés à la théorie quantique, les qualificatifs « étrange » et « paradoxal » ne devraient donc pas être utilisés pour éveiller un « mystère ». Des résultats mathématiques rigoureux montrent que, lorsque l'on projette une explication classique sur certaines assertions quantiques, des paradoxes logiques peuvent surgir. Voilà en quoi la physique quantique *pourrait* être qualifiée de « paradoxale ». Cela ne signifie aucunement « qu'elle n'a aucun sens[1] ».

La superposition n'implique donc pas « qu'un électron puisse à la fois être ici et là-bas », « qu'un chat puisse être à la fois mort et vivant ». C'est bien plus subtil, intéressant et rationnel que cela. Par définition, cette ressource est une addition de phrases quantiques. Cela peut paraître abstrait, mais c'est ainsi. Lui donner un sens plus ancré dans le réel est un des sujets de recherche des fondements quantiques.

L'ordinateur quantique n'est pas un supercalculateur qui serait capable d'effectuer des « calculs en simultané dans une infinité de mondes parallèles ». En revanche, il exploite les phénomènes d'interférences et d'intrication quantiques, qui lui confèrent un avantage pour résoudre certains types de problèmes. Dans ces cas particuliers, il est possible de faire en sorte que les réponses incorrectes s'annihilent, permettant ainsi à la solution signifiante d'être la seule gagnante de la loterie quantique.

« Personne ne comprend la quantique ? » C'est faux. Il existe de nombreux modèles de compréhension scientifiques, présentant divers avantages et défauts, mais tout à fait cohérents. Il n'y a tout simplement pas de modèle objectivement favori. Ce qui n'exclut pas par ailleurs de comprendre la théorie quantique à travers son langage mathématique.

Avant d'être une « mystérieuse influence à distance », l'intrication est par définition une « impossibilité de séparer mathématiquement des phrases quantiques ». Ce n'est pas un moyen de communication : elle ne permet donc pas de transmettre de l'information par un canal mystérieux, que ce soit plus ou moins vite que la lumière. En revanche, l'intrication peut servir à partager de l'information quantique. Combinée à une communication classique (un coup de téléphone), cette forme de partage permet de transférer des phrases quantiques d'un endroit à un autre en toute sécurité. C'est, dans notre jargon, la fameuse téléportation quantique, qui se rapproche davantage d'une forme de « fax ultra-sécurisé avec perte de l'original » que de la téléportation à la mode Star Trek.

Les expériences révolutionnaires menées par Alain Aspect et son équipe, qui ont mis en évidence la non-localité quantique, ont réfuté la vision d'Einstein – qui cherchait à donner une explication de cause à effet classique aux étranges corrélations quantiques. Cependant, elles n'ont pas complètement tranché le débat qui l'opposait à Bohr, n'ayant pas validé le point de vue de ce dernier : d'autres interprétations existent. Cela n'enlève rien à l'importance de ce résultat, qui a ouvert la voie à la seconde révolution technologique quantique et au développement des fondements quantiques modernes.

La contextualité quantique, qui généralise la notion de non-localité, montre rigoureusement les limites du langage classique quand il s'agit de traduire les phrases quantiques. « Le résultat d'une mesure dépend du contexte de la mesure » a ainsi un sens bien précis, illustré par une preuve géométrique qui se manifeste sous la forme d'un paradoxe logique semblable aux figures impossibles de Penrose. Il s'agit d'un véritable témoin fondamental de l'étrangeté quantique.

L'exploration de la physique quantique et de ses phénomènes est bien loin d'être achevée[2]. Dernière nouveauté en date : la causalité indéterminée, qui étend la notion d'indétermination fondamentale de la théorie quantique aux relations de causes à effet. En somme, une forme de version quantique du dilemme de l'œuf ou de la poule ; un chat de Schrödinger causal, où l'état de vie ou de mort du chat est remplacé par « Circé est dans le passé causal de Scylla » et « Scylla est dans le passé causal de Circé », sans engendrer d'anomalies temporelles !

Telles sont les conclusions que nous avons tirées de l'exorcisme des sept démons quantiques rencontrés au cours de notre aventure, auxquelles elles s'opposent : se contenter de parler en images, sans discernement, ou d'énoncer naïvement des incantations sans mise en garde ni précautions, c'est prendre le risque de pactiser avec ces démons au lieu de les exorciser et de donner naissance à un « méta-démon », incarnation du mésusage outrancier de ses sept comparses. Ce huitième démon se nourrit de l'aura « occulte » qui enveloppe souvent la théorie quantique et qui conduit à de nombreuses dérives pseudo-scientifiques : « mysticisme quantique », « voyance quantique », « hypnose quantique », « ésotérisme quantique », « spiritualisme quantique », « paranormal quantique »… De la pure « crotte de vache[3] » quantique, dont la simple évocation suffit à donner la nausée à n'importe quel spécialiste.

Dans le docu-fiction pseudo-scientifique *Que sait-on vraiment de la réalité !?* (*What the Bleep do We Know!?*, 2004), véritable phénomène New Age, est vendue l'idée que, par l'intermédiaire de la physique quantique, science et spiritualité ont fini par s'unir. La réalité ne serait qu'une construction mentale, remodelable si l'on est suffisamment « éclairé » et déterminé. Le film diffuse ces croyances habilement, en faisant d'abord intervenir des physiciens, des biologistes, puis des philosophes…, et enfin une personne qui prétend être la réincarnation d'un esprit guerrier lémurien vieux de trente-cinq mille ans ayant vécu en Atlantide ! En enrobant de déclarations spirituelles des métaphores de la vulgarisation de la physique quantique connues et reconnues, le film efface ingénieusement la frontière entre images pédagogiques et extrapolations hasardeuses. Pas facile de conserver un esprit critique devant ces fantaisies si l'on n'est pas un minimum initié à la physique quantique.

Des exemples comme celui-ci, il en existe des centaines, peut-être même des milliers[4]. Le procédé est toujours le même : partir du vocabulaire, de métaphores, d'idées véhiculées par la communication scientifique, les décontextualiser et diffuser son jargon de façon fallacieuse dans un cadre complètement hors-sujet, sans aucune retenue. La superposition deviendrait source d'« ubiquité » ; l'intrication expliquerait la « télépathie » ou pointerait la « possibilité d'une relation à distance entre personnes » ; la mesure quantique témoignerait du fait que la « conscience aurait une influence sur la réalité » ; et la « complémentarité onde-corpuscule » bohrienne est extrapolée sans hésitation en « dualisme spirituel ».

Les liens artificiels entre « science » et « occultisme » n'ont pas attendu l'avènement de la théorie quantique pour être tissés. Isaac Newton, père (entre autres) de la mécanique classique, s'intéressait autant à la recherche de la pierre philosophale qu'à l'analyse de la chute des corps. L'étude de la démarcation entre science, non-science, pseudo-science et mauvaise science ; la recherche des dimensions culturelles, sociales, politiques de la création et de la propagation de la « crotte de vache » sont des sujets complexes et passionnants de « méta-sciences » (histoire-philosophie-sociologie des sciences) qu'il serait ridicule de résumer en quelques phrases[5].

Dans cet épilogue, je me contenterai donc, en tant que physicien, de m'interroger et de donner quelques pistes de réflexions personnelles sur le rôle que mes collègues et moi-même jouons et avons joué dans l'émergence de ce méta-démon, cette « crotte de vache quantique », et par quelles actions nous, scientifiques et communicants scientifiques, pourrions freiner sa diffusion.

Aux origines du mysticisme quantique : fiction et communication

Première piste : la représentation de la quantique par la vulgarisation scientifique et sa diffusion dans la culture populaire ont vraisemblablement un rôle à jouer dans l'apparition des « dérives pseudo-scientifiques quantiques ». Ce constat pose la question de l'objectif et du rôle de la communication scientifique : recherche-t-on avant tout l'émerveillement, l'intérêt, le développement de passions ? Ou bien notre visée est-elle avant tout informative, éducative, pédagogique ? À moins qu'il ne s'agisse au fond que de vendre un produit (livre, magazine, film, etc.) à grands coups de titres accrocheurs ou de satisfaire une soif de reconnaissance personnelle... Sans doute un mélange de tout cela.

Nous, scientifiques, n'avons par ailleurs pas l'apanage du mot « quantique », à notre plus grand regret. Comme en témoigne les « reflets pop' » disséminés à travers ce guide, la culture populaire, en particulier à travers la science-fiction, s'est emparée du terme et du folklore qui l'accompagne. Pour le meilleur, et (surtout) pour le pire : de nombreux récits de science-fiction paresseux ont malheureusement trop souvent recours au « *quantum washing* », utilisant des références plus ou moins hasardeuses à la physique quantique de façon inappropriée ou excessive. Ils contribuent aussi à alimenter une forme de fascination magique autour de la théorie quantique dans l'imaginaire collectif.

La vulgarisation et la fiction participent sans doute indirectement à véhiculer ces dérives pseudo-scientifiques quantiques. Mais si l'on s'intéresse véritablement à leur « origine », il est probablement judicieux de la chercher à la source : chez les pères fondateurs de la théorie eux-mêmes, sur le rapport ambigu qu'entretiennent, aujourd'hui encore, physique et philosophie, et sur la place des fondements quantiques.

Aux origines du mysticisme quantique : confusion aux fondements

L'image d'Épinal du scientifique cartésien absolu, seul détenteur d'une connaissance immaculée dont la construction serait exclusivement issue de la raison pure, est une caricature scientiste grotesque. En physique théorique fondamentale, et particulièrement dans le domaine des fondements quantiques, il est parfois nécessaire de puiser son inspiration dans des domaines autres que la seule physique afin d'enrichir sa réflexion.

Nous avons déjà entrevu quelques exemples, comme le théorème de Kochen-Specker qui tire son origine d'un questionnement théologique (cf. p. 154). Dans ces cas précis, la frontière entre motivations et résultats théoriques est claire. Le produit scientifique final est établi dans un contexte précis, et il est complètement indépendant du contexte non-scientifique qui l'a inspiré. Mais il arrive aussi que, dans certains cas, les chercheurs eux-mêmes se perdent dans leurs rêveries métaphysiques, et, manquant de vigilance et de rigueur scientifique, partent à la dérive…

Nous avons déjà rencontré l'exemple édifiant d'un théorème fondamental de la théorie de l'information quantique (celui de non-clonage) qui fut élaboré comme réponse à un article pseudo-scientifique New Age[6]. Les premières incarnations du mysticisme quantique sont finalement à chercher chez les scientifiques eux-mêmes, et le lien ambigu qu'ils entretiennent avec les fondements de la théorie quantique, en particulier dans leur quête de compréhension de ses « étranges » résultats.

On peut ainsi remonter aux origines mêmes de la théorie : au cours de son élaboration, les pères fondateurs se sont rendu rapidement compte que quelque chose clochait. Les images issues de notre langage quotidien, de notre logique classique d'origine aristotélicienne, occidentale, ne parvenaient pas à construire une traduction cohérente des équations mathématiques quantiques. Une solution tout à fait naturelle semblait alors s'imposer : l'Occident n'a pas l'apanage de la philosophie. Pourquoi ne pas se pencher sur une autre source d'inspiration métaphysique, les philosophies orientales (en particulier bouddhiste, hindouiste, taoïste), pour chercher de nouvelles images, de nouveaux concepts ?

Grand lecteur de Schopenhauer (lui-même fortement inspiré par la philosophie orientale), Wolfgang Pauli (un des pères fondateurs de la théorie quantique) déclare croire que « les sciences naturelles engendreront d'elles-mêmes un contre-pôle chez ses adhérents, qui sera connecté aux anciens éléments mystiques[7] ». Il spéculera par ailleurs que la conscience sera le prochain objet à intégrer une « théorie de champ unifié » qui incorporerait la psychologie[8] ; il entretiendra une correspondance avec le psychanalyste Carl Gustav Jung sur l'interprétation de ses rêves et discutera avec ce dernier du concept pseudo-scientifique de « synchronicité » vraisemblablement inspiré de l'intrication.

Je pourrais aussi citer Eugène Wigner, qui à partir de son expérience de pensée (cf. p. 78), postule que l'effondrement de l'état quantique à l'intérieur de la « boîte » est causé par « la conscience » de l'observateur. Aujourd'hui, cette hypothèse est considérée avec beaucoup de scepticisme. À l'heure actuelle, aucune démonstration scientifique rigoureuse n'invite à penser qu'il existe une quelconque justification pertinente quant à l'invocation de la « conscience » dans l'explication du processus de mesure quantique. Si vous entendez les mots « conscience » et « quantique » dans la même phrase, méfiez-vous très (*très*) fort (ou *fuyez*) !

Enfin, la nature des « débats » (qui s'apparentent malheureusement trop souvent à des jérémiades) et les positions radicales prises au sujet de l'interprétation de la théorie quantique ont aussi pu jouer un rôle, sans doute involontaire, dans la diffusion d'une confusion entre phénomènes quantiques et mystiques. Malgré un certain agnosticisme de Bohr, Einstein, furieux que ce dernier introduise des éléments « subjectifs » comme le concept « d'observateur », l'accusera de nombreuses fois de… « mysticisme[9] ». Le père de la relativité associera à plusieurs reprises les points de vue de Copenhague à une « religion », menant notamment, selon lui, à l'invocation « d'action fantôme à distance », comparant l'intrication à de la « télépathie ». Ironiquement, certaines de ces attaques, de ces comparaisons qu'il utilisait pour discréditer le « camp adverse », sont encore aujourd'hui reprises à la lettre pour décrire les phénomènes quantiques.

Que conclure de cette série d'exemples ? Elle met en lumière le fait que les scientifiques ont, malgré eux, une part de responsabilité dans la propagation d'idées pseudo-scientifiques quantiques. Cette diffusion est-elle préoccupante ? Finalement, chacun est libre de baser ses croyances, sa spiritualité autour d'images poétiques et de parallèles ambigus vaguement inspirés par la physique quantique. Si de telles croyances n'ont pas de prétention scientifique, si elles restent au statut de fables, nous pourrions être amenés à penser, qu'après tout, ce n'est pas si grave…, et ce serait très probablement une erreur.

Du mysticisme aux pseudo-thérapies quantiques

Dès 1938, le prix Nobel de littérature George Bernard Shaw écrivait en conclusion de sa pièce *Genève* : « Il vous suffit de mentionner la théorie quantique, et les gens prendront votre voix pour la voix de la Science et croiront n'importe quoi. » Invariablement, les croyances non rationnelles d'inspiration scientifique seront revendiquées comme scientifiques par simple manque de rigueur épistémologique ou, pire, par des usurpateurs, escrocs et charlatans en tout genre.

Le pseudo-lien qui existerait entre « conscience » et « quantique », utilisé par certains pour défendre l'idée que la « conscience aurait une influence directe sur le réel », est à la base des dérives de type « thérapies quantiques[10, 11] », qui défendent l'idée, fausse et dangereuse, que les phénomènes quantiques pourraient avoir une influence sur notre état de santé. Ces charlatans, volontaires ou non, promeuvent des méthodes et technologies « révolutionnaires » qui permettraient de se soigner grâce à la physique quantique. Malheureusement, il n'est pas question d'IRM, mais de machines à « réalignement des chakras », de « couvertures de rééquilibrage d'énergie quantique », « d'acupuncture et sophrologie quantiques », de « parapsychologie » et autres « crottes de vache quantiques ».

Récemment, la maison de parfum Guerlain a soulevé l'indignation générale en vendant une crème hydratante qui permettrait de « restaurer la lumière quantique d'une cellule jeune à l'échelle de l'infiniment petit pour amplifier la réjuvénation visible de la peau[12] »… En cas de doute, afin de vous prémunir de ces « arnaques quantiques[13] », il existe un réflexe très simple : si vous identifiez une forme de syncrétisme, de mélange des genres ambigu, *méfiez-vous*. Et, en règle générale, à la moindre association du mot « quantique », avec thérapie, soin, bien-être, développement personnel…, *fuyez*[14] !

La plupart de ces « dérives » semblent s'inscrire dans une culture New Age, d'ésotérisme et de thérapies pseudo-médicales. Comme nous l'avons vu, elles sont vraisemblablement tirées du contexte atomiste dans lequel est née la théorie quantique et des difficultés rencontrées par les scientifiques à naviguer de façon rigoureuse à la frontière entre physique et métaphysique. Et, hélas, la seconde révolution technologique quantique annoncée, notamment du fait du contexte économico-géo-politique dans lequel elle s'inscrit, semble en bonne voie pour freiner la diffusion de fausses idées et contresens qui rayonnent à travers « l'étrangeté quantique ». C'est au tour de l'ordinateur quantique et de la seconde révolution technologique de susciter tous les fantasmes, et d'ouvrir le chemin à d'autres formes de dérives.

Crotte de vache quantique 2.0 : techno-magie et frénésies

Nous avons déjà mentionné que certains défendent l'idée, fausse, que l'ordinateur quantique tiendrait son « pouvoir » de sa capacité à calculer « dans un nombre infini d'univers parallèles ». Cette forme naïve de « parallélisme quantique » est un mythe. D'une part, la seule « superposition de toutes les réponses possibles » n'est pas suffisante à la résolution d'un calcul quantique. L'ordinateur quantique doit faire interférer les réponses possibles entre elles, afin d'amplifier la probabilité des bonnes réponses et de faire disparaître celle des mauvaises. L'interprétation des « mondes multiples » est par ailleurs une possibilité d'explication des équations quantiques parmi tant d'autres. Aucune ne fait consensus.

Tandis que certains s'évertuent à prêcher l'existence de mondes parallèles, d'autres fantasment sur les prouesses qu'une telle technologie permettrait d'accomplir. Dans la série de science-fiction *Devs* (2020) d'Alex Garland, un ordinateur quantique imaginaire se transforme en un véritable démon de Laplace, une machine implémentant un « algorithme de prédiction » capable de prédire n'importe quel moment de l'histoire, passé, ou futur. Tout aussi extravagant, dans l'épisode « Joan est horrible » de la série *Black Mirror* (saison 6, épisode 1, 2023), l'ordinateur quantique est présenté comme « un créateur de contenu à l'infini capable de faire exister des multivers entiers » sur plusieurs (méta-) strates de réalité.

La (terrible) phrase suivante est même prononcée :

« C'est un ordi quantique. On ne maîtrise pas son fonctionnement. C'est presque de la magie. »

Le schéma narratif de la machine incontrôlable est bien sûr récurrent en science-fiction et n'a pas attendu la seconde révolution quantique pour être utilisé. Mais dans ces cas précis, l'origine de cette perte de contrôle devient substantielle : parce qu'on ne comprendrait pas la théorie quantique, parce qu'elle serait presque de la magie, ses capacités seraient sans limites... De pures fantasmagories, encore une fois inspirées par l'aura de mystère qui entoure la théorie quantique et les futures technologies qui en découleront.

Ces histoires nous amènent néanmoins à la question suivante, qui n'est peut-être pas aussi risible qu'elle en a l'air : « Faut-il se méfier de l'ordinateur quantique et autres futures technologies quantiques ? »

Nous avons déjà brièvement présenté l'algorithme de Shor, qui serait capable de rendre vulnérables les données sensibles actuellement protégées par certains de nos systèmes cryptographiques. Intuitivement, il est rationnel de penser que cette « menace » ne sera *a priori* effective que lorsqu'un ordinateur quantique saura implémenter l'algorithme de Shor ; si tant est qu'une telle machine soit effectivement développée un jour.

Ce danger est néanmoins pris très au sérieux dès aujourd'hui, *comme si la catastrophe avait déjà eu lieu.* Comme l'expliquent les spécialistes de la cryptographie quantique Renato Renner et Ramona Wolf : « Un adversaire peut stocker des informations cryptées à l'aide de l'algorithme RSA dans leur forme cryptée, et les décrypter une fois qu'ils ont accès à un ordinateur quantique. Si les données doivent rester secrètes pendant une période prolongée (ce qui est typique pour les données liées à l'armée, aux agences de renseignement ou aux dossiers médicaux), cela signifie que les ordinateurs quantiques représentent déjà une menace pour la sécurité des données aujourd'hui, avant même qu'ils n'aient été construits. » (Bibliographie 20, Chapitre 5)

Cette stratégie de surveillance dite du « récolter maintenant, décrypter plus tard » (« *harvest now, decrypt later* ») a emmené les gouvernements mondiaux à investir dans les recherches en « cryptographie post-quantique[15] », qui vise à développer des protocoles de chiffrement classiques reposant sur des problèmes difficiles à résoudre pour les ordinateurs classiques *et* les ordinateurs quantiques[16].

Cet exemple nous conduit à une nouvelle interrogation : avant de se méfier des technologies quantiques futures, ne devrions-nous pas questionner leur intérêt, les besoins qu'elles sont supposées combler, la façon dont elles doivent être implémentées et utilisées ? Bien que la posture adoptée vis-à-vis de la mise en œuvre de l'algorithme de Shor puisse de prime abord rappeler le « paradoxe de Jonas » (cf. p. 155) et le catastrophisme éclairé du philosophe Jean-Pierre Dupuy[17], elle me semble plutôt verser ici dans une forme de fatalisme technologique, comme si l'avènement de l'ordinateur quantique était un événement déjà écrit, inéluctable.

Cette course folle au développement technologique déterministe et inarrêtable est bien sûr un des motifs favoris de la science-fiction. On pense une fois de plus au *Frankenstein, ou le Prométhée moderne* de Mary Shelley et à ses héritiers, comme la célèbre phrase du professeur Ian Malcolm dans *Jurassic Park* (1993) de Steven Spielberg : « Vos scientifiques étaient tellement absorbés par la question de savoir s'ils étaient capables de le faire ou non qu'ils n'ont pas pris le temps de se demander s'ils devraient le faire » ; ou plus récemment, la remarque glaçante (et traumatisante) de « l'Alchimiste Tisseur de Vie » Shô Tucker dans le manga culte *Full Metal Alchemist* (2001-2010) de Hiromu Arakawa : « L'opportunité d'essayer s'est présentée à moi, alors j'ai essayé. »

Les morales de ces histoires sont, sans surprise, identiques : science sans morale ne prédit (et ne produit) généralement rien de bon. L'idée que tout ce qui est techniquement possible devrait être réalisé, sans chercher à savoir si ces technologies sont souhaitables, n'est jamais viable, et l'est encore moins dans le contexte de crise écologique actuel.

Il serait cependant précipité d'incomber l'entière responsabilité de ce type de « dérive » aux scientifiques et de réduire de façon caricaturale ce mouvement aux obsessions de savants fous, cyniques ou nihilistes, prêts à briser tous les tabous. La recherche en physique quantique n'est pas uniquement animée par une volonté romantique de « comprendre l'Univers ». Elle s'inscrit, comme tout autre champ scientifique, dans un contexte social, économique et politique.

La capacité de ses découvertes à être converties en applications fait que « contrôle de la Nature », « progrès technologique », « innovation » et « richesse économique » sont en vérité les maîtres-mots de l'agenda capitaliste que ce contexte lui impose. La recherche scientifique (qui prend de plus en plus des allures de recherche « de financement » scientifique) est aujourd'hui essentiellement valorisée, récompensée et financée sur la base des promesses de retombées technologiques – et donc économiques – qu'elle formule et honore.

La seconde révolution quantique en cours s'intègre parfaitement à cette dynamique. Bien qu'elle ouvre la voie à de nouvelles synergies entre divers domaines académiques et les exigences industrielles, elle doit, pour ce faire, harmoniser deux rythmes d'évolution distincts : d'une part, les petits pas, lents et prudents, de la construction du savoir, et d'autre part, la danse endiablée et frénétique du développement entrepreneurial, au risque que cette dernière piétine ou fasse trébucher la première.

La fièvre de la ruée vers l'ordinateur quantique à laquelle se livrent scientifiques, start-up et géants du numérique, donne lieu à des communiqués spectaculaires, exagérant des accomplissements technologiques dans une nouvelle forme de sensationnalisme. Bien que la « prééminence quantique » (la démonstration qu'un ordinateur quantique programmable pourrait résoudre des problèmes qu'aucun ordinateur classique ne puisse traiter en un laps de temps concevable) ait ainsi été proclamée à maintes reprises, un certain nombre de ces affirmations ont par la suite été atténuées, voire complètement discréditées, par des travaux démontrant que les tâches effectuées pouvaient être réalisées sur un ordinateur classique.

Il est crucial de garder une certaine distance critique vis-à-vis des communications et des tentatives de création de ferveur frénétique autour des futures technologies quantiques (qui contaminent aussi tristement le champ de la recherche fondamentale[18, 19]). Car si stimuler artificiellement l'intérêt financier à court terme peut sembler alléchant, les conséquences de cette manipulation constante de l'opinion pourraient être désastreuses à long terme.

Passion, engouement et spéculations sont des moteurs essentiels de la recherche, à condition qu'elles restent scientifiques. Les futures technologies quantiques ne sauveront pas notre monde. L'étude de l'informatique et de la théorie de l'information quantique n'en reste pas moins intéressante ! Il reste encore de multiples questions passionnantes à explorer et de nombreuses découvertes, qu'elles soient fondamentales ou technologiques, à réaliser. Assurer leur développement dans un environnement sain, respectueux, prudent et rigoureux me semble essentiel. Comme conseillé dans le manifeste *Quantum technologies and society : Towards a different spin* (*Technologies quantiques et société : Vers un autre angle d'approche*), sur lequel sont en partie fondées les recommandations éthiques du projet de développement quantique européen[20] :

> « Plutôt que de concevoir une fois de plus une révolution technologique en termes de combat et de mesures de supériorité, l'émergence des technologies quantiques pourrait offrir d'autres options – peut-être formulées en termes d'intrication, de contextualité, de collaboration et de science ouverte. Comme souvent, c'est plus facile à dire qu'à faire. Mais si nous voulons réellement changer la donne cette fois-ci, si nous aspirons à ce que les technologies quantiques respectent les valeurs de transparence, d'équité et d'inclusivité, il sera nécessaire, entre autres choses, de développer des méthodes pour parler des ressources quantiques qui ne se contentent pas de répéter des clichés familiers ou de condamner les nouveaux développements technologiques à perpétuer les schémas toxiques de l'histoire[21]. »

Ce livre est entièrement consacré à soutenir ce projet.

« Pensez méta ! »

En explorant les abîmes de la matière, en creusant leur chemin à la recherche de vérités de plus en plus fondamentales, en développant la théorie quantique, les scientifiques ont fini par tomber sur un miroir, qui les a pressés de questions : « Qu'êtes-vous en train de faire ? Qu'est-ce que la théorie quantique ? Est-ce une théorie physique ?

Qu'est-ce qu'une théorie physique ? Peut-on la comprendre ? Qu'est-ce que comprendre signifie ? »

Si ces interrogations ont éveillé l'intérêt des pères fondateurs à l'époque, cet attrait s'est dissipé assez vite, avant d'être ressuscité à la fin du siècle dernier. Mais s'interroger en tant que chercheuse et chercheur sur la nature de sa propre activité, sur ses origines, son objectif, sa production, sur les conditions de production, de diffusion et d'utilisation du savoir scientifique, n'est pas un caprice d'expert en fondements quantiques.

Refuser de s'emparer de ces questions, se contenter du « Tais-toi et calcule ! », ou les traiter sans recul, rigueur ni outils, peut conduire, paradoxalement, les scientifiques à diffuser, involontairement, des idées pseudo-scientifiques… Schrödinger avertissait ainsi contre « le grave danger que la physique soit détachée de son contexte historique[22] », citant l'historien Benjamin Farrington :

> « L'histoire est la science la plus fondamentale, car il n'y a aucune connaissance humaine qui ne puisse perdre son caractère scientifique lorsque les hommes oublient les conditions dans lesquelles elle a été créée, les questions auxquelles elle répondait et les fonctions qu'elle était destinée à remplir. Une part considérable du mysticisme et de la superstition chez les érudits provient de connaissances ayant perdu tout lien avec leur contexte historique[23]. »

S'il est important que l'ensemble des citoyennes et citoyens soit formé à un minimum de culture scientifique, il n'en reste pas moins primordial que nous (en particulier les scientifiques) nous initions aux disciplines « méta-scientifiques » que sont l'histoire, la sociologie et la philosophie des sciences, afin d'éviter de foncer têtes baissées vers une répétition de clichés et d'erreurs commises par le passé.

Tandis qu'en France la philosophie est malheureusement souvent caricaturée comme l'art de la dissertation littéraire, inspirée et spirituelle, d'éminents physiciens ont à plusieurs reprises exprimé leur rejet de la philosophie des sciences, clamant qu'elle serait « aussi utile aux scientifiques que l'ornithologie est utile aux oiseaux[24] », ou qu'elle serait même carrément « morte[25] ». Ce manque de capacité introspective, cet aveuglement scientiste, est peut-être l'un des freins principaux au développement de la recherche fondamentale et l'un des facteurs essentiels de création et de diffusion des dérives mystiques et techno-magiques mentionnées précédemment.

La science et la philosophie sont toutes les deux des activités de construction de la connaissance, qui visent à répondre à des questions en fournissant des justifications rationnelles, et qui peuvent chacune, à leur manière, s'enrichir mutuellement. Scientifiques et philosophes des sciences ont énormément à gagner les uns des autres[26]. La physique fondamentale, au-delà d'être en soi un objet d'étude épistémologique, peut mettre en évidence des résultats d'une telle profondeur et d'une telle portée, qu'ils peuvent faire écho à des questions jusque-là considérées comme « métaphysiques », et servir ainsi de repère à cette discipline philosophique.

C'est, je crois, la principale obsession des « fondements quantiques[27] », que cet ouvrage cherche à promouvoir (et qui, il me semble, devraient être au cœur de toutes les formations à la physique quantique) : revenir à l'essence de la curiosité scientifique, prendre le temps de s'interroger sur « l'étrangeté quantique » en prenant du recul et en ouvrant le dialogue avec des champs de connaissance autres que la physique, comme les mathématiques, l'informatique, et, bien sûr la philosophie, afin de construire les récits scientifiques et les outils technologiques de demain. Une invitation à s'émerveiller, rêver, créer, chercher ; sans oublier, de temps en temps, de sortir de la boîte, *de penser « méta »*, et de jeter un œil, prudent, de l'autre côté du miroir.

***

Nous y sommes. Le voyage touche à sa fin. Vous êtes de retour devant le seuil que vous aviez franchi au début de cette épopée, mais cette fois, de l'autre côté. Avant de le traverser à nouveau, vous comprenez que ce dernier passage marquera la véritable fin du livre. Vous prenez pleinement conscience de la réalité de cette fin imminente : elle arrive, elle est inévitable.

Quelle ultime péripétie pourrions-nous bien rencontrer ? Nous pourrions imaginer |*sortir de la Caverne*⟩, et, ayant appris à reconnaître les projections classiques et aliénantes subies par « l'étrangeté quantique », nous apprêter à transmettre ces nouvelles connaissances et à repousser, indéfiniment, la fin de cette aventure. Nous pourrions imaginer que, sur le point de quitter le monde « de l'autre côté du miroir quantique » pour de bon, nous ne résistions pas à |*imiter Orphée*⟩ et à nous retourner pour observer le méta-démon qui se cachait derrière nous tout au long de notre périple, pour le faire disparaître dans un dernier murmure : « … fin… ». Nous pourrions imaginer atteindre la méga-ville de Quantumopolis en compagnie d'une mystérieuse boîte d'ébène portant l'inscription « |*Pour Pandore*⟩ ». Cette dédicace réveillerait en nous une force cachée, parasitant notre essence, et nous pousserait à libérer avec hâte et enthousiasme les démons quantiques conjurés sur le monde, laissant la boîte complètement vide. Vide ? Pas tout à fait. Nous connaissons l'histoire : terrée au fond, se cacherait « l'Espérance », sous la forme d'une feuille de papier, d'une plume, et d'un flacon d'encre. Nous la saisirions avec impatience, et sans plus tarder, commencerions l'écriture de *De l'autre côté du miroir quantique*.

Et pourtant, tant que vous ne lisez pas ces derniers mots, tant qu'ils n'ont pas été imprimés sur votre rétine et interprétés par votre cerveau, c'est comme si, pour vous, cette fin n'existait pas. Pas encore. Ou bien jamais. Vous pourriez très bien décider de ne pas la lire, d'abandonner votre lecture ici, maintenant, sans jamais revenir. Si vous le souhaitez, la fin de *De l'autre côté du miroir quantique* n'aura pas lieu. Si vous le souhaitez, vous pourriez « épuiser le champ du possible », et laisser cette fin en suspens, *de façon indéterminée…*

Remerciements

Contrairement au paradoxe de l'écrivain, cet ouvrage a bel et bien une origine. Je n'ai pas encore construit de machine à voyager dans le temps – du moins jusqu'à preuve du contraire. La probabilité que mon moi futur ait rencontré Alexei Grinbaum dans le passé, lui ait révélé que j'écrirai *De l'autre côté du miroir quantique* et l'ai amené à persuader mon moi passé de le rédiger pour préserver la cohérence temporelle est donc *a priori* très faible (mais pas totalement nulle). Alexei a joué un rôle déterminant dans cette aventure. Il fut d'abord mon premier mentor, m'initiant il y a bien des années aux arcanes des fondements quantiques – un savoir que j'ai aujourd'hui la chance de transmettre à mon tour. C'est également lui qui, connaissant ma passion pour la communication scientifique, m'a proposé d'écrire un livre de vulgarisation à quatre mains lorsque l'opportunité s'est présentée. Bien que des contraintes temporelles l'aient finalement conduit à me laisser voler de mes propres ailes, j'ai pu bénéficier tout au long de l'écriture de ses précieux conseils et relectures. Sa philosophie imprègne d'ailleurs l'ouvrage, notamment par l'influence de ses travaux sur l'éthique des technologies quantiques. Sans lui, ce livre n'aurait jamais vu le jour, et je lui suis infiniment reconnaissant. Je le remercie également pour sa très belle préface.

L'écriture de ce livre s'inscrit dans un contexte particulier, et elle n'aurait peut-être pas pu être menée à bien dans d'autres circonstances : celui de mon premier contrat de recherche post-doctoral, au sein du groupe de théorie de l'information quantique d'Antonio Acín à l'ICFO (Barcelone). Je me souviens de mon premier jour, lorsque j'ai timidement confié à Toni mon projet d'écriture, ayant préparé à l'avance des arguments pour le convaincre que nos recherches n'en pâtiraient pas (trop). Je n'ai même pas eu besoin de les utiliser : son soutien a été immédiat et enthousiaste. Les précieux encouragements de mes ami.es et collègues non permanents du groupe – notamment Luke et Leo, mes adorables co-bureaux de la salle 374, qui furent en première ligne – ont également été essentiels. Je n'aurais pu rêver meilleur premier post-doc, et j'éprouve une profonde gratitude d'avoir partagé ces trois dernières années à leurs côtés.

Un grand merci aux équipes de Dunod, en particulier à mon éditrice, Anne Pompon, pour avoir cru en ce projet et m'avoir accompagné tout au long de son développement. Merci également à Anaïs Ben Bounan pour ses conseils formels et la mise en page, ainsi qu'à Xavier Muller pour sa relecture éditoriale.

Vulgariser son propre champ de recherche est *à la fois* un plaisir et un enfer. Et le livre aurait pu virer à la catastrophe sans ma formidable équipe de relecteur.ices, qui m'a apporté une aide précieuse et irremplaçable. Merci à toutes et tous de m'avoir permis de naviguer dans le champ des possibles et d'effectuer les bonnes projections, ainsi que de m'avoir convaincu que la méta « guide pédagogique/conte initiatique » que je souhaitais donner au livre était la bonne. Louison Lazourenko, qui a eu le courage de me faire un retour sur une version très préliminaire, me permettant d'ajuster le niveau des explications. Camille Fuzier, pour ses retours aussi bien scientifiques que littéraires, et qui m'a notamment soufflé l'idée des exorcismes de fin de chapitre. Morgane Gerardin, pour son aide essentielle à l'amélioration de la structure et à l'éclaircissement des passages complexes. Laurie Letertre, pour son expertise et ses conseils sur les parties philosophiques. Cyril Branciard, mon autre mentor, qui continue de me soutenir bien au-delà de ma thèse, et qui m'a incité à sauver l'histoire du serpent-boa. Raphaël Mothe, pour ses retours sur la partie causalité et les échanges passionnants sur science et société. Cyprien, pour son appui indéfectible et nos séances de co-écriture.

À toutes les oreilles attentives : Sarah, Lisa, Alexandra, Clothilde, Pierre, Jovanie, et toutes celles et ceux qui, au fil des deux dernières années, m'ont demandé : « Alors, le livre, comment ça va ? »

À ma famille, mes frères, et mes parents qui, durant mon enfance, ont mis entre mes mains *À la croisée des mondes*, *Abarat* et *Si une nuit d'hiver un voyageur*.

⟨*Merci*|

Notes et références

Prologue

1. Ezratty Olivier, « Understanding Quantum Technologies 2024 », *Opinions libres, le blog d'Olivier Ezratty*, 26 septembre 2024.

2. Cooper Peter, Ernst Philipp, Kiewell Dieter et Pinner Dickon, « Quantum computing just might save the planet », *McKinsey Digital*, 19 mai 2022.

3. Auffèves Alexia, « Quantum Technologies Need a Quantum Energy Initative », *PRX Quantum*, vol. 3, 1er juin 2022 ; Fellous-Asiani Marco *et al.*, « Optimizing resource efficiencies for scalable full-stack quantum computers » *PRX Quantum*, vol. 4, n° 4, 30 octobre 2023.

4. Gabor Dennis, *Innovations: Scientific, Technological and Social*, Oxford University Press, 1970.

5. Sayler Kelley M., « Defense Primer: Quantum Technology », Co*ngressional Research Services*, mai 2021-octobre 2023.

6. Latour Bruno, *Pandora's Hope: Essays on the Reality of Science Studies*, Harvard University Press, 1999, p. 304.

7. Clarke Arthur C., « Clarke's Third Law on UFO's », *Science,* vol. 159, n° 3812, p. 255, 1968.

8. Grinbaum Alexei, *Paroles de Machines*, humenSciences, 2023.

9. Kaku Michio, *Quantum Supremacy*, Doubleday, 2023

10. Mermin N. David, « Could Feynman Have Said This ? », *Physics Today,* vol. 57, n° 5, pp. 10-11, 2004.

11. Bell John, « Against "measurement" », *Physics World*, vol. 3, n° 8, pp. 33-41, 1990.

12. Grinbaum Alexei, « Narratives of Quantum Theory in the Age of Quantum Technologies », *Ethics and Information Technology,* vol. 19, pp. 295-306, 2019.

13. Le physicien et vulgarisateur Julien Bobroff et le groupe de recherche « La Physique Autrement » débordent de propositions créatives et originales pour présenter la physique atomique au plus grand nombre. Dans le très beau *Les Idées noires de la Physique* (Les Belles Lettres, 2016), le philosophe bachelardien Vincent Bontems et l'astrophysicien Roland Lehoucq font dialoguer leurs disciplines respectives, entre signification scientifique de la couleur noire et rêverie sur les métaphores ténébreuses. Dans *Mécanique des étreintes* (Encre Marine, 2014), Alexei Grinbaum présente l'intrication quantique à travers des mythes, permettant d'éveiller une émotion esthétique et de communiquer l'idée que la beauté fait partie intégrante du quotidien des scientifiques.

14. Grinbaum Alexei, « Narratives of Quantum Theory in the Age of Quantum Technologies », *op. cit.*

Chapitre 1

1. *Le Voyage de Chihiro* (2001) d'Hayao Miyazaki est sans doute l'exemple le plus populaire de film s'inscrivant dans la tradition de l'*isekai*, un sous genre de la fantasy japonaise où le protagoniste est projeté dans un univers différent du nôtre.

2. Loin d'être une boutade, cet exemple illustre en réalité une règle quantique intangible. Notre incapacité à traverser un mur s'explique en partie par un résultat bien quantique (!), le principe d'exclusion de Pauli (du nom de Wolfgang Pauli, un des pères fondateurs de la théorie), qui rend compte de la stabilité de la matière et du fait qu'elle occupe un volume !

3. C'est le phénomène dit de « décohérence », « dégradation progressive d'une superposition quantique d'un système quantique sous l'effet des interactions avec son environnement, qui aboutit à une situation où le système obéit aux lois de la physique classique » selon le site du ministère de la Culture (et oui !). Serge Haroche a notamment obtenu le prix Nobel de physique en 2012 pour ses expériences mettant en évidence ce phénomène sur des photons individuels.

4. Freire Junior Olival, *The Quantum Dissidents, Rebuilding the Foundations of Quantum Mechanics (1950-1990)*, Springer, 2016.

5. Harrigan Nicholas et Spekkens Robert W., « Einstein, Incompleteness, and the Epistemic View of Quantum States », *Foundations of Physics*, vol. 40, pp. 125-157, 2010.

6. Feynman Richard, « Simulating Physics with Computers », *International Journal of Theoretical Physics*, vol. 21, pp. 467-488, 1981 : « Nature isn't classical, dammit, and if you want to make a simulation of Nature, you'd better make it quantum mechanical, and by golly it's a wonderful problem because it doesn't look so easy. »

7. « 40 years of quantum computing », *Nature Review Physics*, vol. 4, n° 1, 2022.

8. Deutsch David « Quantum theory, the Church – Turing principle and the universal quantum computer », *Proceedings of the Royal Society of London*, vol. 400, n° 1818, pp. 97-117, 1985.

9. Chaque fois que vous trouvez un « s » à la suite de « http » dans l'adresse d'un site internet, cela veut dire que le navigateur et le serveur établissent une connexion sécurisée et chiffrée avant de transférer des données. Cette sécurité repose souvent, entre autres, sur un protocole pouvant être cassé par l'algorithme de Shor.

10. INGARDEN Roman S., « Quantum Information Theory », *Report of Mathematical Physics*, vol. 10, n° 1, 1976.

11. SHANNON Claude, « A Mathematical Theory of Communication », *The Bell System Technical Journal*, vol. 27, pp. 379-423, 1948. Ses travaux généralisent les bases posées par Nyquist et Hartley dans les années vingt.

12. Par exemple : GORDON J. P., « *Quantum Effects in Communications Systems* », *Proceedings of the Ire*, vol. 50, n° 9, pp. 1898-1908, 1962.

13. HOLEVO Alexander, « Bounds for the Quantity of Information Transmitted by a Quantum Communication Channel », *Problems of Information Transmission,* vol. 9, pp. 177-183, 1973.

14. WIESNER Stephen, « Conjugate Coding », *SIGACT News*, vol. 15, n° 1, pp. 78-88, 1983.

15. BENNETT Charles H. et BRASSARD Gilles, « Quantum Cryptography: Public Key Distribution and Coin Tossing », *Theoretical Computer Science*, vol. 560, pp. 7-11, 1984.

16. SCHUMACHER Benjamin, « Quantum Coding », *Physical Review*, vol. 51, n° 4, pp. 2738-2747, 1995.

17. L'allégorie de la caverne est une métaphore philosophique utilisée par Platon dans son ouvrage *La République*. Elle décrit des personnes enchaînées dans une caverne depuis leur naissance qui, ne voyant que des ombres projetées sur les murs par des objets passant devant un feu derrière eux, sont persuadés que ces ombres constituent la réalité. Un prisonnier est libéré et découvre enfin la vérité : ce qu'ils pensaient être la réalité n'était qu'un mirage, il existe un monde extérieur, plus vaste, plus vrai, plus réel.

18. Cette indétermination fondamentale est exploitable dans de nombreuses applications. Par exemple, si l'on cherche à mesurer très précisément une certaine grandeur physique, on peut faire en sorte que toute l'indétermination soit portée par une grandeur incompatible qui ne nous intéresse pas[19]. Cette propriété a permis d'améliorer les horloges atomiques, capables de mesurer le temps avec une précision extrême, et est à la base de divers protocoles de communications quantiques. Elle a également servi à la détection des ondes gravitationnelles par l'interféromètre LIGO en 2015, ces infimes perturbations de l'espace-temps issues de la collision de deux trous noirs dont l'amplitude est un milliard de fois plus petite que la taille d'un atome d'hydrogène !

19. Les états ainsi générés sont appelés « états comprimés ». [Walls, Dan F., «Squeezed States of Light», *Nature*, vol. 306 art. 5939, pp.141-146, 1983.] Imaginez l'indétermination des propriétés d'un objet quantique comme une balle en mousse, dont l'axe horizontal correspondrait à l'indétermination de la position de l'objet, et l'axe vertical à celle de sa vitesse. Si l'on « comprime » la balle en mousse dans une direction, la balle se déforme, et l'on augmente la quantité d'indétermination dans cette direction pour mieux la diminuer dans l'autre.

20. Bitbol Michel, *Philosophie quantique – Le monde est-il extérieur ?*, Mimésis, 2023.

21. Cette position radicale ne fait pas consensus. Voir par exemple *Quantum Information Theory and the Foundations of Quantum Mechanics* (Oxford University Press, 2013) du philosophe de la physique Christopher Timpson ; BITBOL, Michel, *Philosophie quantique – Le monde est-il extérieur ?*, 2023.

22. Leifer Matthew S., « "It from Bit" and the Quantum Probability Rule », dans Aguirre Anthony, Foster Brendan, Merali Zeeya (eds), *It From Bit or Bit From It ?, On Physics and Information*, Springer, 2015 ; Zeilinger Anton, *Why the Quantum ? « It » from « Bit » ? A Participatory Universe ? Three far-reaching Challenges from John Archibald Wheeler and their Relation to Experiment* », Cambridge University Press, pp. 201-220, 2004.

23. Petersen Aage, « The philosophy of Niels Bohr », *Bulletin of the Atomic Scientists*, vol. 19, pp. 8-14, 1963.

24. Heisenberg Werner, *La partie et le tout*, Flammarion, 2016.

Chapitre 2

1. Dans *Les Quatre Vents du désir*, Pocket, 1988.

2. Par pêché de simplification, j'omets volontairement ici un aspect technique *majeur*. Un état superposé ne s'écrit pas exactement $|0\rangle + |1\rangle$, mais $\alpha|0\rangle + \beta|1\rangle$, où α et β sont des coefficients appartenant à la famille des nombres complexes, dont le « module au carré » (une certaine fonction mathématique) « $|\alpha|^2$ et $|\beta|^2$ » donne la probabilité d'obtenir $|0\rangle$ ou $|1\rangle$!

3. À noter que ces expériences ont été réalisées pour la première fois avec des photons uniques (et un ou deux miroirs semi-reflechissants en guise de boîtes quantiques) en 1986 par Philippe Grangier, Gérard Roger et Alain Aspect, que nous retrouverons un peu plus tard (Chapitre 6). Grangier Philippe, Roger Gérard et Aspect Alain, « Experimental Evidence for a Photon Anticorrelation "Effect on a Beam Splitter: A new Light on Single-Photon Interferences" », *Europhysics Letters*, vol. 1, n° 173, 1986 ; Aspect Alain, *Si Einstein avait su*, Odile Jacob, pp. 273-278, 2025.

4. Spekkens Robert W., « Evidence for the Epistemic View of Quantum States: A Toy Theory », *Physical Review* A, vol. 75 :032110, 2007.

5. Apportons toutefois une nuance : boîtes quantiques et boîtes de Spekkens ne sont pas identiques. Une différence fondamentale est que les boîtes quantiques correspondent généralement à des transformations continues (séquence de petits changements, chacun très proche de ne rien changer, mais dont l'effet global est important), tandis que les boîtes de Spekkens correspondent à des transformations discrètes (qui induisent un changement brutal). Hardy Lucien, « Quantum theory from five reasonable axioms », arXiv preprint quant-ph/0101012, 2001. Ainsi, il y a bien « quelque chose » d'intrinsèquement « quantique » dans les interférences… quantiques. Ce « quelque chose » n'est en revanche pas dû au démon de la superposition, mais à une étrangeté bien plus fondamentale, que l'on rencontrera au chapitre 7. Catani Lorenzo, Leifer Matthew, Scala Giovanni, Schmid David et Spekkens Robert W., « Aspects of the phenomenology of interference that are genuinely nonclassical », *Physical Review* A, vol. 108, 022207, 2023.

Chapitre 3

1. Neven Hartmut, *Meet Willow, our state-of-the-art quantum chip*, 9 décembre 2024, https://blog.google/technology/research/google-willow-quantum-chip/

2. Everett Hugh. G., Review of Modern Physics, vol. 29, pp. 454-462, 1957

3. Il existe aujourd'hui de nombreuses variantes interprétatives de cette base théorique. Bien que relativement populaire, l'interprétation n'est pas sans problème. En se débarrassant de toute référence fondamentale à la mesure et l'observation et en cherchant une forme de déterminisme absolu, elle éprouve des difficultés (considérées comme insurmontables par ses détracteurs) à expliquer le rôle des probabilités dans la théorie.

4. Steane Andrew M., « A Quantum Computer Only Needs One Universe », *Studies in History and Philosophy of Science B – Studies in History and Philosophy of Modern Physics*, vol. 34, n° 3, pp. 469-478, 2003.

5. Le théorème d'Holevo, découvert en 1973 par le mathématicien russe Alexander Holevo (Bibliographie 13, Chapitre 1).

6. Vandersypen Lieven M., Steffen Matthias, Breyta Grégory, Yannoni Costantino S., Sherwood Marc H. et Chuang Isaac L., « Experimental Realization of Shor's Quantum Factoring Algorithm Using Nuclear Magnetic Resonance », *Nature*, vol. 414, pp. 883-887, 2001.

7. Martín-López Enrique, Laing Anthony, Lawson Thomas, Alvarez Roberto, Zhou Xiao-Qi, O'Brien Jeremy L., « Experimental realization of Shor's quantum factoring algorithm using qubit recycling », *Nature Photonics*, vol. 6, n° 11, pp. 773-776, 2012.

8. Ces expériences sont par ailleurs controversées : elles reposent en effet sur un compilateur classique aidant à concevoir un circuit quantique mais connaissant déjà la réponse au problème à résoudre… Voir Smolin John, Smith Graeme et Vargo Alexandre, « Oversimplifying Quantum Factoring », *Nature*, vol. 499, pp. 163-165, 2013.

9. Amico Mirko, Saleem Zain H., Kumph Muir, « An Experimental Study of Shor's Factoring Algorithm on IBM Q », *Physical Review* A, vol. 100 n°1: 012305, 2019.

10. Pour en savoir un peu plus sur l'algorithme de Shor, voir par exemple les vidéos : « How Quantum Computers Break the Internet… Starting Now » de

Veritasium (https://youtu.be/-UrdExQW0cs?si=15GXX_P-R8IxAyvS) et « How Quantum Computers Break Encryption | Shor's Algorithm Explained » de minutephysics (https://youtu.be/lvTqbM5Dq4Q?si=pPJXs6B01K-5WxO4)

11. En décembre 2021, une équipe d'expérimentateurs de Singapour et leurs collègues ont soutenu avoir réalisé un *tardigrade de Schrödinger*. Lee K. S. *et al.*, « Entanglement in a Qubit-qubit-tardigrade System », *New Journal of Physics*, vol. 24, 2022. Ils seraient parvenus à intriquer un tardigrade – ce minuscule animal connu pour survivre à des conditions extrêmes – avec un qubit. Pour ce faire, les chercheurs ont placé l'animal en cryptobiose, une forme d'hibernation absolue, et ont observé son retour à une forme active après avoir passé 420 heures à une température inférieure à – 273,14 °C. À noter que l'article est très controversé, et que bien que le record de survie du tardigrade semble avéré, la majeure partie de la communauté scientifique reste très sceptique vis-à-vis des affirmations concernant la réalisation de l'état intriqué.

Chapitre 4

1. Pour Orphée, sa mesure correspond à un effondrement de l'état quantique de la particule, décrit par la règle « V-Mesure » des Tables de la loi quantique. Pour nous, elle correspond à une évolution du couple quantique « particule-Orphée », dictée par l'équation de Schrödinger, la règle « II-Évolution ».

2. Wigner conclut de cette expérience de pensée que le processus de mesure quantique impliquerait la conscience de l'observateur…, mais l'expérience de pensée n'implique pas du tout cela.

3. Le terme « interprétation » est en fait un amalgame et rassemble plusieurs idées : ajout d'entités supplémentaires, modification de lois fondamentales, simple interprétation des Tables de la loi quantique… Il désigne généralement un modèle « méta-quantique », qui vise à en dire plus sur la nature de la théorie quantique et/ou sur son lien avec le réel.

4. Petit florilège : théories à variables cachées non locales, ou à variables cachées locales et superdéterministe, ou encore rétro-causales ; théories à effondrement spontané ou gravitationnel ; modèles à histoires cohérentes, interprétation transactionnelle, modale ; interprétation d'Everett, mondes multiples, esprits multiples ; modèle à ontologie contextuelle, interprétation informationnelle, mécanique quantique relationnelle, QBisme, etc. La liste est sans fin. Cabello Adán, « Interpretations of Quantum Theory: A Map of Madness », *What is Quantum Information*, pp. 138-144, 2017.

5. Fuchs Christopher, « *Quantum Mechanics as Quantum Information (and only a little more)* », 2002.

6. Dourdent Hippolyte « A Gödelian Hunch from Quantum Theory », dans Aguirre Anthony, Merali Zeeya, Sloan David (eds), *Undecidability, Uncomputability, and Unpredictability*, Springer, 2021.

7. Par exemple : les mises en abîme, les pièces de théâtre imitant la pièce de théâtre dans la pièce de théâtre (*Hamlet* de Shakespeare), les livres à l'intérieur d'eux-mêmes (*Si par une nuit d'hiver un voyageur* d'Italo Calvino) et les personnages de fiction conscients d'être des personnages de fiction (*Deadpool*, *Rick & Morty*).

8. Pour une critique de l'usage à outrance de procédés méta-référentiels et ses dérives dans l'industrie cinématographique capitaliste moderne, voir l'essai vidéo « Le secret de *Everything Everywhere All at Once* » de l'excellente chaîne YouTube Bolchegeek (https://www.youtube.com/watch?v=mw1M-ImGaG8)

9. D'un point de vue extérieur, la réponse à la question d'Orphée « Est-ce que la particule est dans l'état $|0\rangle$ ou $|1\rangle$? » est complète : 0 ou 1, avec une certaine probabilité. D'un point de vue intérieur, la question n'a pas vraiment de sens, puisque les deux réponses sont exactes, dans des mondes différents : l'Univers étant dans l'état « $|0\rangle$ *et* $|$*elle observe* $0\rangle + |1\rangle$ *et* $|$*elle observe* $1\rangle$ ». Vous n'aurez jamais un accès expérimental complet, ne pouvant pas communiquer avec votre copie vivant dans la branche parallèle à la vôtre.

10. Dans Bibliographie 23, Chapitre 1 (p. 370) , Heisenberg relate une confrontation de Bohr avec des philosophes : « Nous sommes d'accord avec les exigences des pragmatiques et des positivistes, concernant le soin et la précision à apporter aux détails, ainsi que la clarté qui doit caractériser notre langage. Mais quant à leurs interdits, nous devons les transgresser ; car si l'on n'avait plus le droit de parler et de réfléchir au sujet des grandes corrélations, on perdrait aussi la boussole qui permet de s'orienter. »

11. Le champ lexical de l'observation n'est peut-être plus très adapté dans ce cas car, attention, l'interprétation de Rovelli n'implique aucunement qu'un « observateur » soit conscient. La mesure est complètement désanthropomorphisée.

12. Le « Q » de QBisme désigne la « Quantique », et alors que le « B » correspondait originellement au terme « Bayésianisme », il est à présent associé à l'adjectif « Bettabilitarien » (anglicisme signifiant littéralement « capable de faire des paris »).

13. Cet exemple est inspiré de la fable « Little Harmonic Labyrinth » dans *Gödel, Escher, Bach* de Douglas Hofstadter (Dunod, 2021).

14. Carroll Lewis, *De l'autre côté du miroir*, 1871.

15. Fuchs Christopher, « *Quantum Mechanics as Quantum Information...* », *op. cit.*

16. Rovelli Carlo, « Relational Quantum Mechanics », *International Journal of Theorical Physics*, vol. 35, art. 1637, 1996.

17. Un tel programme de reconstruction axiomatique a d'ailleurs déjà fait ses preuves dans un autre domaine de la physique. En 1895, des règles mathématiques, appelées « transformations de Lorentz », ont dérouté les scientifiques pendant près d'une décennie. Malgré leur adéquation empirique, celles-ci restaient énigmatiques.

Einstein mit fin à cette déconvenue en parvenant à les dériver de principes physiques simples (la vitesse de la lumière dans le vide est indépendante de la vitesse de sa source ; et les lois de la physique doivent être les mêmes dans tout référentiel inertiel), donnant naissance à la théorie de la relativité restreinte. Et si les axiomes quantiques avaient le même statut proto-théorique que les transformations de Lorentz ?

18. HARDY Lucien, « Quantum theory from five reasonable axioms », arXiv preprint quant-ph/0101012, 2001. Voir Note 4, Chapitre 2.

19. SZANGOLIES Jochen, « Epistemic Horizons and the Foundations of Quantum Mechanics » *Foundations of Physics*, vol. 48, n° 12, pp. 1669-1697, 2018.

20. GRINBAUM Alexei, « Elements of information-theoretic derivation of the formalism of quantum theory », *International Journal of Quantum Information*, vol. 1, n° 3, pp. 289-300, 2003.

21. Une autre piste est de s'intéresser à la formulation de *méta-théories quantiques*, des théories mathématiques qui décrivent par exemple les relations quantiques entre des observateurs quantiques (cf. Chapitre 6), ou des scénarii impliquant de multiples amitiés de Wigner… Voir FRAUCHIGER Daniela et RENNER Renato, « Quantum theory cannot consistently describe the use of itself », *Nature Communications*, vol. 10, art. 3711, 2018 ; BONG Kok-Wei, UTRERAS-ALARCÓN Aníbal, GHAFARI Farzad, LIANG Yeong-Cherng, TISCHLER Nora G., CAVALCANTI Eric, PRYDE Geoff J. et WISEMAN Howard M., « A strong no-go theorem on the Wigner's friend paradox », *Nature Physics*, vol. 16, pp. 1199-1205, 2020.

Chapitre 5

1. Le monstre exprime continuellement son désir d'accéder au même rang que son créateur *alter ego*, de se faire narrateur de récit, de s'emparer du langage, sa seule façon d'agir sans préjudices, faisant presque écho à l'expression bohrienne : « Nous dépendons de nos mots. Notre tâche est de communiquer expérience et idées à autrui. Nous sommes suspendus dans le langage. »

2. ZAZAGOZA Georges, « La Créature : problématique de l'être artificiel », *La Clé des Langues* [En ligne], Lyon, ENS de Lyon/DGESCO, 2007.

3. HAROCHE Serge et RAIMOND Jean-Michel, « Quantum Computing: Dream or Nightmare ? », *Physics Today*, vol. 49, n° 8, pp. 51-54, 1996.

4. Copier l'information, la répéter est à la base des méthodes permettant de corriger les erreurs de calculs de machines classiques…, action qui est fondamentalement irréalisable sur un ordinateur quantique. (Il existe néanmoins des méthodes d'approximations de clonage quantique, voir SCARANI Valerio, IBLISDIR Sofyan, GISIN Nicolas et ACIN Antonio, « Quantum cloning », *Review of Modern Physics*, vol. 77, pp. 1225-1256, 2005.) Là où l'ordinateur classique devait uniquement faire face aux basculements de bits accidentels (transformation involontaire de 0 en 1 et vice versa), l'ordinateur quantique doit en plus corriger des erreurs de phase, *i.e.* la possibilité de transformation d'un + en – (et vice versa). Peter Shor (encore lui !) parviendra néanmoins à contourner cet obstacle en développant un « code de correction d'erreur » spécifique à l'information quantique et qui ne repose pas sur son clonage. [Shor Peter W., « Scheme for Reducing Decoherence in Quantum Computer Memory », *Physical Review* A, vol. 52, n° 4:R2493, 1995 ; Steane Andrew M., « Error correcting codes in quantum theory », *Physical Review Letters*, vol. 77, n° 5:793, 1996.] Comment fonctionne ce code ? L'idée de Shor consiste à encoder un « qubit logique » (celui correspondant à l'information idéale, sans erreurs) dans plusieurs « qubits physiques » de manière astucieuse, sans que ces derniers correspondent à des copies conformes de l'information logique. Shor montrera également l'application pratique de ces codes dans l'exécution d'un calcul quantique fiable via un ordinateur quantique imparfait. [Shor Peter W., « Fault-tolerant quantum computation », dans *Proceedings of 37th Conference on Foundations of Computer Science*, pp. 56-65. IEEE, 1996.] La création d'un ordinateur quantique n'est donc toujours pas une mince affaire : des centaines de milliers voir des millions de qubits physiques seront nécessaires. Toutefois, l'impasse théorique dressée par le non-clonage quantique a été surmontée.

5. Cette histoire est racontée dans Ortigoso Juan, « Twelve Years Before the Quantum No-cloning Theorem », *American Journal of Physics,* vol. 86, n° 3, pp. 201-205, 2018, article sur lequel ce paragraphe est basé.

6. Wootters William et Zurek Wojciech, « A Single Quantum Cannot be Cloned », *Nature*, n° vol. 299, art. 5886, pp. 802-803, 1982.

7. Dieks Dennis, « Communication by EPR devices », *Physics Letters* A, vol. 92, n° 6, pp. 271-272, 1982.

8. Peres Asher, « How the No-cloning Theorem Got Its Name » *Fortschritte der Physik*, vol. 51, pp. 458-461, 2003.

9. La première démonstration explicite du théorème de non-clonage apparaît pourtant pour la première fois en 1970, dans un article ignoré (Park, James, « The Concept of Transition in Quantum Mechanics », *Foundations of Physics*, vol. 1, n° 1, pp. 23-33, 1970), et le résultat était déjà présent dans les travaux pionniers de Wiesner (Bibliographie 14, Chapitre 1).

10. Herbert Nick, « FLASH – A superluminal communicator based upon a new kind of quantum measurement », *Foundations of Physics*, vol. 12, pp. 1171-1179, (1982).

11. Peres Asher, « How the No-cloning Theorem Got Its Name », *op. cit.*

12. Bien que physicien de formation, Nick Herbert ne possède aucune affiliation universitaire. Preuve de son non-académisme, il remercie dans son article un centre du mouvement New Age, l'institut Esalen !

13. Dans cette analyse vulgarisée de l'intrication quantique, Grinbaum présente notamment une analogie avec la notion « périchorèse » de la théologie chrétienne, l'étrange union consubstantielle dans laquelle les figures du Père, du Fils et du Saint-

Esprit se mélangent pour former la Trinité, unité indivisible, hors du temps et s'affranchissant de toute localisation dans l'espace.

14. L'analogie entre téléportation quantique et le sauvetage de Paris par Aphrodite est développée dans *Mécanique des étreintes* d'Alexei Grinbaum.

15. Parfit Derek, *Reasons and Persons*, Oxford University Press, 1984.

16. Bennett Charles H., Brassard Gilles, Crépeau Claude, Jozsa Richard, PERES Asher et Wootters William K., « Teleporting an Unknown Quantum State via Dual Classical and Einstein-Podolsky-Rosen Channels », *Physical Review Letters*, vol. 70, p. 1895, 1993.

17. Par exemple, bien qu'elle repose sur l'intrication, elle diffère de la non-localité (éclaircissement sur ce point dans le chapitre suivant). Hardy Lucien *Disentangling nonlocality and teleportation*, 1999.

18. Aaronson Scott, « Quantum Copy-Protection and Quantum Money », *Proceedings of IEEE Conference on Computational Complexity*, pp. 229-242, 2009.

19. Chaîne YouTube du CNRS, Eleni Diamanti, « *Lumière et cryptographie quantique | #BrèveDeScience* », 2020, https://youtu.be/gE5nlQFgpyQ?si=zDH-SuQGFMl_GhxCa

20. Renner Renato et Wolf Ramona « Quantum Advantage in Cryptography », *AIAA Journal*, vol. 61, n° 5, pp. 1895-1910, 2023.

21. Shannon Claude, « Communication Theory of Secrecy Systems », *Bell System Technical Journal*, vol. 28, n° 4, pp. 656-715, 1949.

22. Vernam Gilbert S., « Cipher Printing Telegraph Systems: For Secret Wire and Radio Telegraphic Communications », *Journal of the A.I.E.E.*, vol. 45, n° 2, pp. 109-115, 1926.

23. À noter que cet enthousiasme *théorique* doit être tempéré : la mise en place pratique, expérimentale des protocoles de cryptographie quantique n'est pas une mince affaire et rencontre de nombreux défis (voir par exemple Scarani Valerio et Kurtsiefer Christian, «The Black Paper of Quantum Cryptography: Real Implementation Problems», *Theoretical Computer Science*, vol. 560, pp. 27-32, 2014 ; Agence Nationale de la Sécurité des Systèmes d'Information (ANSSI), *La distribution quantique de clé, son utilisation et ses limites*, 25 janvier 2024.

24. Il existe évidemment d'autres expériences pionnières de téléportation quantique. Citons par exemple celles du groupe de Nicolas Gisin (également célèbre pour ses travaux en cryptographie quantique et non-localité quantique en réseaux), Marcikic I., Tittel W., Zbinden H., Gisin N., « Long-Distance Teleportation of Qubits at Telecommunication Wavelengths », *Nature*, vol. 421, art. 6922, pp. 509-513, 2003.

25. Coecke Bob, « Quantum Picturalism », *Contemporary Physics*, vol. 51, n° 1, pp. 59-83, 2010 ; Coecke Bob et Kissinger Aleks, « Picturing Quantum

Processes: A First Course in Quantum Theory and Diagrammatic Reasoning », Cambridge University Press, 2017 ; Dündar-Coecke Selma *et al.*, « Quantum Picturalism: Learning Quantum Theory in HighSchool », *IEEE International Conference on Quantum Computing and Engineering (QCE)*, vol. 3. IEEE, 2023

26. Dans la représentation picturale de la théorie quantique (cf. note antéprécédente), « l'équation serpent (*snake equation*) » est une équation fondamentale qui stipule que chaque fois que l'on a un « câble » avec deux « virages », on peut le redresser en « ligne droite », et donc passer dans le cas présent, de la situation « Départ » à la situation « Arrivée » voulue (techniquement, l'équation indique aussi que la connexion d'un état de Bell avec un effet de Bell est égale à l'opération identité). On trouve l'équation (avec une erreur) sur un tableau dans l'épisode 5 de la saison 4 de Rick et Morty, « Rattlestar Ricklactica », qui traite de « voyage dans le temps ophidien » !

Chapitre 6

1. Le mythe d'Icare relate l'histoire d'un père, Dédale, et de son fils, Icare, qui tentent de s'échapper d'un labyrinthe. Pour ce faire, Dédale fabrique des ailes avec de la cire et des plumes, qui leur permettent de s'envoler. En dépit des avertissements de son père, Icare, subjugué par le sentiment de liberté, s'approche trop près du Soleil. La cire composant ses ailes fond, et il trouve la mort en chutant dans la mer.

2. Aucune trace officielle de ce débat ne transparaît dans les comptes-rendus publiés (Bacciagaluppi Guido et Valentini Antony, *Quantum Theory at the Crossroads : Reconsidering the 1927 Solvay Conference*, Cambridge University Press 2009). Les archives disponibles révèlent qu'il a plutôt eu lieu lors de discussions informelles semi privées, rapportées des années plus tard par les personnes qui y ont participé (et qui ont pu donc grossir un peu les traits). (Bohr Niels, « Discussions with Einstein on Epistemological Problems in Atomic Physics », dans *Albert Einstein: Philosopher-Scientist*, Cambridge University Press, 1949.)

3. Lettre de mars 1947 d'Einstein à Born, dans Klein, Martin J., « Paul Ehrenfest, Niels Bohr, and Albert Einstein: Colleagues and Friends », *Physics in Perspective*, vol. 12, pp. 307-337, 2010. « Action fantôme à distance » est traduit de l'allemand « *spukhafte Fernwirkung* », souvent traduis en anglais par « *spooky action at a distance* ».

4. « Je me trouve dans une situation très difficile, car je ne comprends pas précisément où Einstein veut en venir. C'est certainement de ma faute », répondra Bohr, qui poursuivra : « Je poserais le problème autrement. Je ne sais pas ce qu'est la mécanique quantique. Je pense que nous utilisons des méthodes mathématiques adaptées à la description de nos expériences. [...] Nous devons réaliser que nous sommes loin de l'état où nous pourrions espérer décrire les choses selon des théories classiques. »

5. Einstein Albert, Podolsky Boris et Rosen Nathan, « Can Quantum-Mechanical Description of Physical Reality Be Considered Complete ? », *Physics Review*, vol. 47, n° 777, 1995.

6. L'importante réaction que l'article suscita en 1935 est sans doute en partie imputable à sa couverture médiatique… précoce. Le 4 mai 1935, soit onze jours avant sa publication officielle, l'article fait la une du *New York Times*, qui titre « Einstein attaque la théorie quantique » et annonce que le célèbre scientifique s'apprête à dénoncer « ce qui ne va pas avec la théorie de la mécanique quantique. » Boris Podolsky, qui avait visiblement envie de faire la promotion de son travail, serait la source de la fuite. Furieux, Einstein répondra au journal : « Toutes informations sur lesquelles repose l'article "Einstein Attaque la Théorie Quantique" dans votre numéro du 4 mai vous ont été remises sans autorisation. Ma pratique invariable est de discuter des sujets scientifiques uniquement dans le forum approprié, et je désapprouve la publication anticipée de toute annonce concernant de tels sujets dans la presse séculaire. » (Jammer Max, *The Philosophy of Quantum Mechanics: The Interpretations of QM in Historical Perspective*, John Wiley and Sons, 1974.)

7. L'argument EPR est très souvent présenté comme illustrant le point de vue d'Einstein sur le statut de la théorie quantique… à tort. La correspondance du père de la relativité avec Schrödinger à la suite de l'article EPR – qui conduira notamment à la naissance du chat de Schrödinger – en témoigne. Dans une lettre datée du 19 juin 1935, Einstein écrit : « Pour des raisons de langage, cet article fut écrit par Podolsky après maintes discussions. Mais il n'en est pas sorti aussi bon que je le souhaitais, au contraire, l'essentiel a été, pour ainsi dire, enterré par l'érudition… » Einstein développe ensuite un nouvel argument, différent de son expérience de pensée de 1927 et d'EPR. Analysé à l'aune des fondements quantiques modernes, ce nouvel argument montre que tout modèle de description de la réalité considérant l'état quantique comme « réel » (qu'il soit complet ou incomplet), est incompatible avec une hypothèse de localité. Cet authentique « point de vue d'Einstein » ne sera néanmoins jamais publié. (Harrigan Nicholas et Spekkens Robert W., « Einstein, Incompleteness, and the Epistemic View of Quantum States », *Foundations of Physics*, vol. 40, pp. 125-157, 2010).

8. Shimony Abner, *Search for a worldview which can accommodate our knowledge of microphysics, Philosophical consequences of quantum theory* (James T. Cushing and Ernan M. Mullin, eds.), University of Notre Dame Press, 1989.

9. Maldacena Juan et Susskind Leonard, « Cool Horizons for Entangled Black Holes », *Fortschritte der Physik*, vol. 61, n° 9, pp. 781-811, 2013.

10. Susskind Leonard et Zhao Ying, « Teleportation through the wormhole », *Physical Review* D, vol. 98, n° 4: 046016, 2018.

11. Communiste, David Bohm perdra la nationalité américaine durant le maccarthysme et sera condamné à l'exil : défait de sa position d'« *assistant professor* » à l'université de Princeton en 1951, il se rendra au Brésil puis en Israël en 1955, avant de partir pour l'Angleterre en 1957, où il deviendra professeur de physique théorique en 1961. (FREIRE JUNIOR Olival, *David Bohm, A Life Dedicated to Understanding the Quantum World*, Springer, 2019.)

12. BOHM David, « A Suggested Interpretation of the Quantum Theory in Terms of "Hidden Variables" », *Physical Review*, vol. 85, n° 2, pp. 166-180, 1952.

13. Afin d'éviter une contradiction directe avec la relativité restreinte, ces propriétés physiques prétendument oubliées doivent rester inaccessibles expérimentalement (« cachées »), ce qui suscite de nombreuses critiques. Isidor Rabi, découvreur du phénomène qui sera au cœur des IRMs, rejette par exemple l'idée en la comparant aux « anges du Moyen-Âge » (FREIRE JUNIOR Olival, *David Bohm, A Life Dedicated to Understanding the Quantum World*, Springer, 2019), utilisés pour expliquer l'inexplicable.

14. BOHM David et AHARONOV Yakir, « Discussion of Experimental Proof for the Paradox of Einstein, Rosen, and Podolsky », *Physical Review*, vol. 108, art. 1070, 1957.

15. WU Chien-Shiung et SHAKNOV Irving, « The Angular Correlation of Scattered Annihilation Radiation », *Physical Review*, vol. 77, pp. 136, 1950 ; FRANK Michelle, « Chien-Shiung Wu, la variable cachée de l'intrication quantique », *Pour la Science*, vol. 548, 22 mai 2023.

16. BOHM David et AHARONOV Yakir, « Discussion of Experimental Proof for the Paradox of Einstein, Rosen, and Podolsky », *op. cit.*

17. BELL John S., « On the Impossible Pilot Wave », *Foundations of Physics*, vol. 12, n° 10, pp. 989-999, 1982.

18. Plus concrètement, von Neumann établit qu'il est impossible de dériver les probabilités quantiques à partir d'une théorie dans laquelle les résultats de mesure seraient prédéterminés par des variables cachées qui obéiraient aux mêmes règles que les observables quantiques. VON NEUMANN John, *Mathematishe Grundlagen der Quanten-mechanik*, Verlag Julius-Springer, 1932 (traduit en anglais par Princeton University Press, 1955).

19. Début 1963, Bell fait la rencontre de Josef-Maria Jauch, qui visitait le CERN pour donner un séminaire sur sa version améliorée de la preuve de von Neumann (LAUDISA Frederico, « How and When Did Locality Become "Local Realism" ? A Historical and Critical Analysis (1963-1978) », *Studies in History and Philosophy of Science*, vol. 97, pp. 44-57, 2023), co-signée avec Constantin Piron (JAUCH Josef-Maria et PIRON Constantin « Can Hidden Variables be Excluded in Quantum Mechanics ? », *Helvetica Physica Acta*, vol. 36, p. 827, 1963.). À la suite de discussions intenses avec Jauch, Bell décide enfin de s'attaquer au « problème des variables cachées en mécanique quantique ». Il écrit un premier article (BELL John S., « On the Problem of Hidden Variables in Quantum Mechanics », *Reviews of Modern Physics*, vol. 38, p. 447, 1966), dans lequel il s'attaque aux résultats de Jauch-Piron et surtout de von Neumann, montrant qu'il est absurde de conclure à partir de ces travaux que les théories à variables cachées sont impossibles.

20. Il sera d'ailleurs particulièrement virulent avec ce dernier. Dans une interview pour le magazine *Omni* (mai 1988, p. 88), il déclarera plus tard : « Ce n'est pas seulement imparfait, c'est stupide ! [...] Vous pouvez me citer sur cela : La preuve de von Neumann n'est pas seulement fausse, mais elle est idiote ! » (Cité dans Mermin N. David, « Hidden variables and the two theorems of John Bell », *Reviews of Modern Physics*, vol. 65, pp. 803-815, 1993.) Quelle serait l'erreur grossière de von Neumann ? Celle d'avoir supposé que les variables cachées se comportent comme des propriétés quantiques. Est-ce vraiment si « idiot » ? Plutôt que d'interpréter la preuve de von Neumann comme une démonstration de l'impossibilité des variables cachées, ne faudrait-il pas plutôt reprendre la conclusion du principal intéressé, *i.e.* qu'un certain type de théories à variables cachées – qu'il pense être les plus probables – n'est pas compatible avec la théorie quantique ? (Le caractère « stupide » de la preuve de von Neumann est matière à débats, voir Bub Jeffrey, « Von Neumann's "No Hidden Variables" Proof: A re-appraisal », *Foundations of Physics*, vol. 40, pp. 1333-1340, 2010 ; Dieks Dennis, « Von Neumann's Impossibility Proof: Mathematics in the Service of Rhetorics », *Studies in History and Philosophy of Modern Physics*, vol. 60, pp. 136-148, 2017 ; Mermin David et Schack Rüdiger, « Homer Nodded: von Neumann's Surprising Oversight », *Foundations of Physics*, vol. 48, n° 9, pp. 1007-1020, 2018.)

21. Hormis une démonstration de Bohm en 1952 – dans laquelle ce dernier explique en quoi la preuve de von Neumann ne s'applique pas à son interprétation causale, « car les variables cachées envisagées ici dépendent à la fois de l'état de l'appareil de mesure et du système observé, allant ainsi au-delà de certaines des hypothèses de von Neumann » – dont il avait connaissance mais qui manquait de clarté et de précision selon lui, Bell s'étonne d'avoir été le premier à remarquer la faute disgracieuse de von Neumann. Il est en fait loin d'être le seul à avoir émis cette critique. Entre autres, « l'erreur » de prémisse de von Neumann avait déjà été découverte au moins deux fois, par Grete Hermann, mathématicienne et philosophe allemande, qui travailla notamment sur une interprétation néo-kantienne de la causalité dans la théorie quantique (une partie de ce travail est notamment discutée dans le chapitre 10 [Bibliographie 16, Chapitre 10]) et découvrit « l'erreur de von Neumann » dès 1933 (Hermann Grete, « The Natural-Philosophical Foundations of Quantum Mechanics [Die naturphilosophischen Grundlagen der Quantenmechanik] », *Abhandlungen der Fries'schen Schule*, vol. 6, pp. 75-152, 1935. Traductions : Crull Elise et Bacciagaluppi Guido, *Grete Hermann : Between Physics and Philosophy*, Berlin, Heidelberg, New York, Springer, 2017). Mioara Mugur-Schächter, physicienne franco-roumaine, qui fut professeur de physique théorique à l'université de Reims, trouvera indépendamment une « invalidation de la preuve de von Neumann » en 1959, qui sera publiée en 1964 dans sa thèse (Mugur-Schächter Mioara, « Étude du caractère complet de la théorie quantique », Thèse de doctorat dirigée et préfacée par Louis de Broglie, Gauthier Villar, Les Grands Problèmes des Sciences, 1964. Source : Wikipédia (consultation 12 février 2024)).

22. L'article vivra un certain périple éditorial, et finira par être publié deux ans plus tard. « Le manuscrit (« On the Problem of Hidden Variables in Quantum Mechanics ») soumis par Bell à l'été 1964 au *Reviews of Modern Physics* lui fut en effet renvoyé avec la demande de fournir plus de détails sur « les mesures impliquées ». Bell s'exécuta et envoya une version augmentée à l'éditeur en janvier 1965 ; version qui fut mal classée et égarée dans les bureaux des *Reviews*. La correspondance avec Bell à ce sujet retarda encore plus la publication en raison du retour de Bell au CERN, ce qu'ignorait l'éditeur. C'est ce qui explique que le premier article sur les variables cachées de Bell ait été publié deux ans plus tard que le second. On remarquera par ailleurs que la preuve qu'il ne puisse y avoir de théories variables cachées locales du deuxième (et plus célèbre) article ne peut être pleinement appréciée que s'il a déjà été prouvé qu'il puisse exister des variables cachées pour la mécanique quantique. » (Dourdent Hippolyte, « La Contextualité, Figure de l'Etrangeté Quantique », 2018, d'après Jammer Max, « The Philosophy of Quantum Mechanics », Wiley, 1974 ; Jammer Max, « John Stewart Bell and his Work – On the Occasion of his Sixtieth Birthday », *Foundations of Physics*, vol. 20, p. 1139, 1990.

23. Bell John S., « On the EPR Paradox », *Physics Physique физика*, vol. 1, p. 195, 1964.

24. Clauser John F., Horne Michael A., Shimony Abner et Holt Richard A. « Proposed Experiment to Test Local Hidden-variable Theories », *Physics Review Letters*, vol. 23, n° 15, pp. 880-884, 1969.

25. Feynman Richard, « *Quantum Mechanical View of Reality* » (Part 4) [minute 25:00], <https://www.youtube.com/watch?v=hWTbtXgqYMo&feature=youtu.be&t=25m>, cité dans Whitaker Andrew, « Richard Feynman and Bell's Theorem », *American Journal of Physics*, vol. 84, pp. 493-494, 2016.

26. Le rapport de Feynman au théorème de Bell est en réalité bien plus nuancé. [Whitaker Andrew, « Richard Feynman and Bell's Theorem », *American Journal of Physics*, 1er juillet 2016; 84 (7): 493 -494]. Feynman aurait « redécouvert » ce résultat dans son article de 1982 intitulé « Simulating Physics with Computers », sans toutefois mentionner explicitement les travaux de Bell. En août 1984, il assista également à une conférence donnée par Alain Aspect à Caltech suite à ses célèbres expériences. Lors de cette rencontre (et dans les échanges qui suivirent), Feynman témoigna d'un intérêt sincère et chaleureux pour ces avancées. [ASPECT Alain, *Si Einstein avait su*, Odile Jacob, pp.114-115,145, 2025] ; [ASPECT Alain, communication personnelle.]

27. L'histoire de ces expériences est notamment rapportée dans Freire Junior Olival, « Alain Aspect's Experiments on Bell's Theorem: A Turning Point in the History of the Research on the Foundations of Quantum Mechanic », The European Physic Journal D, vol. 76, p. 248, 2022 ; Phillips William D. et Dalibard Jean, « Experimental Tests of Bell's Inequalities: A First-hand Account by Alain Aspect », *The European Physical Journal* D, vol. 77, n° 8, 2023 ; et plus récemment par Aspect lui-même dans ASPECT Alain, *Si Einstein avait su*, Odile Jacob, 2025.

28. En 2008, des chercheurs ont démontré que, dans l'hypothèse où la violation des inégalités de Bell s'expliquait par des influences superluminiques et qu'un référentiel privilégié existait (dans lequel la vitesse de la Terre serait inférieure à 0,001 fois celle de la lumière), alors la vitesse de ces actions fantomatiques à distance devrait être au moins dix mille fois supérieure à celle de la lumière, soit au minimum de trois milliards de kilomètres par seconde. Salart Daniel, Baas Augustin, Branciard Cyril, Gisin Nicolas et Zbinden Hugo, « Testing Spooky Action at a Distance », *Nature*, vol. 454, pp. 861-864, 2008.

29. Wood Christopher J. et Spekkens Robert W., « The Lesson of Causal Discovery Algorithms for Quantum Correlations: Causal Explanations of Bell-inequality Violations Require Fine-tuning », *New Journal of Physics*, vol. 17, n° 3, 2015.

30. Une autre approche, plus récente, appelée « causalité quantique », propose au contraire d'abandonner l'idée d'expliquer les corrélations quantiques sur la base d'une cause commune classique, et de la remplacer par une cause… quantique et développer ainsi une forme « d'explication quantique » des phénomènes (Allen John-Mark A., Barrett Jonathan, Horsman Dominic C., Lee Ciaran M., Spekkens Robert W., « Quantum Common Causes and Quantum Causal Models », *Physical Review X*, vol. 7, n° 3, 2017).

31. London Fritz et Bauer Edmond, « The Theory of Observation in Quantum Mechanics », dans Wheeler and Zurek (pp. 217-259). Princeton, NJ : Princeton University Press, 1939, p. 258-259.

32. Shimony Abner, *Search for a worldview which can accommodate our knowledge of microphysics…*, *op. cit.*

33. L'interprétation « Contextes, Systèmes et Modalités » (CSM) des Français Alexia Auffèves et Philippe Grangier s'inspire à la fois des positions d'Einstein et de Bohr. Selon cette interprétation, l'état de réalité d'une particule quantique n'a de sens que dans un contexte expérimental donné. Il y a un élément de réalité associé au système et à la question « + ou – ? », et un autre élément de réalité associé au système et à la question « 0 ou 1 ? ». Mais associer un élément de réalité à la particule seule, sans question à lui poser, conduit inexorablement à des absurdités. Auffèves Alexia et Grangier Philippe, « Contexts, Systems and Modalities : A New Ontology for Quantum Mechanics », *Foundations of Physics*, vol. 46,2016 ; Auffèves

Alexia, « Libérons le chat de Schrödinger ! », dossier *Pour la Science*, vol. 93, octobre-décembre 2016.

34. Atwood Margaret, « Margaret Atwood on What "The Handmaid's Tale" Means in the Age of Trump », *The New York Times*, 10 mars 2017, source Wikipédia (consultation 20 février 2024).

35. Attaques d'espionnage qui consistent à exploiter les faiblesses liées à l'impossibilité de certifier que ce sont bien les opérations désirées qui sont effectivement réalisées dans la plupart des protocoles de sécurité quantique.

36. Mayers Dominic et Yao Andrew, « Quantum Cryptography with Imperfect Apparatus », *Proceedings 39th Annual Symposium on Foundations of Computer Science* (Cat. No. 98CB36280), IEEE, 1998 ; Ekert Arthur K., « Quantum Cryptography Based on Bell's Theorem », *Physical Review Letters*, vol. 67, p. 661, 1991 ; Acin Antonio *et al.*, « Device-independent Security of Quantum Cryptography Against Collective Attacks », Physical Review Letters, vol. 98, 2007.

37. Grinbaum Alexei « How Device-independent Approaches Change the Meaning of Physical Theory », *Studies in History and Philosophy of Modern Physics*, vol. 58, pp. 22-30, 2017.

38. Le théorème de Bell n'est par exemple pas le seul résultat « no-go » contraignant les différents modèles d'explication de la réalité possibles. En 2012, les chercheurs britanniques Matthew Pusey, Jonathan Barrett et Terry Rudolph démontrèrent dans un théorème – le théorème PBR – que tout modèle de réalité (standards) dans lequel l'état quantique n'est qu'un état de connaissance incomplet d'une réalité cachée (dans la même veine que la théorie simplifiée de Spekkens) est incompatible avec les prédictions de la théorie quantique ! Ainsi, pour pouvoir expliquer l'ensemble des bizarreries de la théorie, l'état quantique devrait être considéré comme un état de réalité… en dehors des interprétations qui préfèrent parler d'indétermination et de hasard fondamental quantiques et de certains modèles de réalité plus exotiques que ceux attaqués par le théorème. Pusey Matthew F., Barrett Jonathan et Rudolph Terry, « On the Reality of the Quantum State », *Nature Physics*, vol. 8, n° 6, pp. 475-478, 2012.

39. Popescu Sandu et Rohrlich Daniel, « Nonlocality as an Axiom », *Foundations of Physics*, vol. 24, n° 3, pp. 379-385, 1994.

40. Pawłowski Marcin, Paterek Tomasz, Kaszlikowski Dagomir, Scarani Valerio, Winter Andreas et Żukowski Marek « Information Causality as a Physical Principle », *Nature*, vol. 461, art. 7267, pp. 1101-1104, 2009.

41. Le « monde des boîtes » a néanmoins aussi de nombreuses contraintes : par exemple, contrairement à la quantique, il est impossible de téléporter de l'information dans ce monde. (Short Anthony et Barrett Jonathan, « Strong Nonlocality: A Trade-off Between States and Measurements », *New Journal of Physics*, vol. 12, n° 3, 2010.

42. Brunner Nicolas, Cavalcanti Daniel, Pironio Stefano, Scarani Valerio et Wehner Stéphanie, « Bell nonlocality », *Reviews of Modern Physics*, vol. 86, n° 2, pp. 419-478, 2014.

Chapitre 7

1. Laplace Pierre Simon, *Théorie analytique des probabilités*, 1812.

2. Pais Abraham, « Einstein and the Quantum Theory », *Review of Modern Physics*, vol. 51, p. 863, 1979.

3. Specker Ernst, « Die logik nicht gleichzeitig entscheidbarer aussagen », *Dialectica*, vol. 14, pp. 239-246, 1960.

4. Kochen Simon, et Specker Ernst, « The Problem of Hidden Variables in Quantum Mechanics », *Journal of Mathematics and Mechanics*, vol. 17, p. 59, 1967.

5. Specker Ernst, « Futurabilia », dans Fuchs Christopher, Schlosshauer Maximilian et Stacey Blake C., « My Struggles with the Block Universe », arXiv :1405.2390, 2014, p. 1548.

6. Dupuy Jean-Pierre, *Pour un catastrophisme éclairé. Quand l'impossible est certain*, Seuil, 2002

7. Jeu inspiré du « paradoxe de Newcomb », voir Nozick Robert, « Newcomb's Problem and Two Principles of Choice », dans *Essays in Honor of Carl G. Hempel*, 1969. Voir les excellentes vidéos de la chaine Youtube MrPhi sur le sujet.

8. Specker Ernst, « Futurabilia », *op. cit.*

9. Penrose Lionel et Penrose Roger, « Impossible Objects: A Special Type of Optical Illusion », *British Journal of Psychology*, vol. 49, n° 1, pp. 31-33, 1958

10. Comme une œuvre d'Escher qui boucle sur elle-même, Roger Penrose tira lui-même son inspiration du tableau *Relativité* d'Escher. Dans ce dernier, des personnages évoluent dans une pièce où escaliers, portes et fenêtres sont imbriqués de telle sorte que trois directions gravitationnelles évoluent dans le même espace. On se perd alors désespérément à tenter de regarder l'image « à l'endroit » ; un endroit qui n'existe qu'en relation à certains personnages. « En pensant à cette image : elle n'a aucun sens physiquement, puisque vous avez de la gravité dans tous les sens ; néanmoins vous pouvez la construire. Elle est géométriquement possible. Je me suis alors demandé si je pouvais construire un objet qui serait géométriquement impossible », explique R. Penrose.

11. Roger Penrose a remarqué (Mermin N. David, « Hidden Variables and The Two Theorems of John Bell », *Reviews of Modern Physics*, vol. 65, pp. 803-815, 1993) que l'ensemble des trente-trois points formés des sommets et des centres des faces et des arêtes de ce tricube sont ceux utilisés en 1991 par le physicien Asher Peres pour prouver le théorème de Kochen-Specker. (Peres A., « Two Simple Poofs of the Kochen-Specker Theorem », *Journal of Physics A: Mathematical and General* 24 L175, 1991.)

12. Yu Sixia et Oh Choo Hiap, « State-independent Proof of Kochen-Specker Theorem with 13 Rays », *Physical Review Letters*, vol. 108, n° 3, 2012.

13. Mermin David « Hidden Variables and the Two Theorems of John Bell », *Review of Modern Physics*, vol. 65, pp. 803-815, 1993 ; Peres Asher, « Two Simple Poofs of the Kochen-Specker Theorem », Journal of Physics A: Mathematical and General 24 L175, 1991.

14. Le carré magique repose en revanche sur une question de type « Comment êtes-vous intriqués ? ». Wright Victoria J. et Kunjwal Ravi, « Contextuality in Composite Systems: The Role of Entanglement in the Kochen-Specker Theorem », *Quantum*, vol. 7, p. 900, 2023. Il existe néanmoins des preuves de contextualité indépendantes de toute notion d'intrication, comme la preuve originale de Kochen-Specker ou la preuve « tricube » de Peres.

15. Arkhipov Alex, « Extending and Characterizing Quantum Magic Games », arXiv :1209.3819, 2012. L'illustration est une reproduction du dessin de CMG Lee, Wikipédia, « Three utilities problem » (consultation 20 février 2024). Voir également Mansfield Shane, « Contextuality is Topological », *Quantum Views*, vol. 4, p. 31, 2020.

16. La version non-locale de ce jeu, où les mesures sont appliquées sur deux particules quantiques détenues par deux joueurs distincts qui n'ont pas le droit de communiquer, est parfois appelée « pseudo-télépathie quantique ». Rien de mystique ici, comme en témoigne le préfixe pseudo, mais un avantage « extra-ordinaire » : grâce à cette forme de contextualité quantique, les deux joueurs peuvent obtenir des résultats qui ne seraient possibles dans un monde classique (on parle de « simulation » du phénomène) que si les participants étaient autorisés à communiquer au cours de la partie, ou s'ils avaient accès à des moyens de transmettre de l'information plus vite que la vitesse de la lumière (cf. Chapitres 5 et 6), ou bien encore s'ils avaient accès à des données inaccessibles. Brassard Gilles, Cleve Richard et Tapp Alain, « Cost of Exactly Simulating Quantum Entanglement with Classical Communication », *Physical Review Letters*, vol. 83, n° 9, pp. 1874-1877, 1999.

17. Klyachko Alexandert A., Can M. A., Binicioğlu Sinem et Shumovsky, Alexander S., « Simple Test for Hidden Variables in Spin-1 Systems », *Physical Review Letters*, vol. 101, 2008.

18. Chaque sommet du pentagramme représente un résultat possible d'une mesure quantique. Deux sommets reliés sont incompatibles : ils correspondent à des résultats qui ne peuvent pas se produire en même temps. On peut alors déduire cinq inférences différentes du pentagramme (cf. figure à gauche) : « A est différent de B » ; « B est différent de C » ; « C est différent de D » ; « D est différent de E » et « E est différent de A ». Si l'on décide d'ignorer que chaque phrase est prononcée dans un contexte distinct et qu'on les met bout à bout pour former une seule phrase, dans un « contexte global » unique, on obtient un paradoxe logique : « A est différent de A. »

19. Howard Mark, Wallman Joel, Veitch Victor et Emerson Joseph, « Contextuality Supplies the Magic for Quantum Computation », *Nature*, vol. 510, pp. 351-355, 2014 ; Raussendorf Robert, « Contextuality in Measurement-based Quantum Computation », *Physical Review* A, 88 :022322, 2013 ; Bermejo-Vega Juan, Delfosse Nicolas, Browne Dan E., Okay Cihan et Raussendorf Robert, « Contextuality as a Resource for Qubit Quantum Computation », *Physical Review Letters*, vol. 119, 2017.

20. Par exemple dans Ji Zhengfeng, Natarajan Anand, Vidick Thomas, Wright John et Yuen Henry, « MIP*= RE, » arXiv :2001.04383, 2020, en utilisant notamment une version modifiée du carré de Mermin-Peres, les auteurs ont démontré que la classe MIP* des problèmes pouvant être résolus en temps polynomial par un arbitre interagissant avec des « agents » quantiques partageant une ressource intriquée contient des problèmes indécidables similaires au paradoxe du menteur.

21. Par exemple, Robert Spekkens et son équipe ont élargi le concept de contextualité, qui concernait uniquement les mesures quantiques idéales, pour inclure tout autre type d'opérations expérimentales comme des mesures imparfaites. Cette « contextualité généralisée » s'inspire d'une transgression du principe d'identité des indiscernables de Leibniz, qui stipule que deux choses indiscernables sont une même chose (si aucune expérience ne vous permet de différencier un animal mystère d'un chat, alors c'est vraisemblablement… un chat). Plus généralement, si deux faits expérimentaux ne peuvent pas être distingués l'un de l'autre (indépendamment des limites de précision technologiques), alors cette identité empirique devrait correspondre à une identité ontologique. Or, la contextualité généralisée montre qu'il existe des situations où les prédictions quantiques sont incompatibles avec ce principe ! Voir Spekkens Robert W., « Contextuality for preparations, transformations, and unsharp measurements », *Physical Reviews* A, 71 :052108, 2005 ; Kunjwal Ravi, « Contextuality beyond the Kochen-Specker Theorem », PhD thesis, Institute of Mathematical Sciences, Chennai, 2016.

22. D'Espagnat Bernard, *À la recherche du réel*, Dunod, 2021.

Chapitre 8

1. Chiribella Giulio, D'Ariano Giacomo Mauro, Perinotti Paolo et Valiron Benoît, « Beyond Quantum Computers », arXiv :0912.0195, 2009 ; publié sous le titre « Quantum Computations Without Definite Causal Structure », *Physical Review* A 88, 022318, 2013.

2. Le paradoxe est appelé ainsi en référence à l'un de ses exemples les plus célèbres où un voyageur temporel en possession du livre d'un écrivain remonte dans le passé avant la date de création de l'ouvrage et le délivre à l'écrivain en devenir, de sorte que le contenu du livre n'a pas d'origine.

3. Hawking Stephen W., « Chronology protection conjecture », *Physical Review* D 46, 1992.

4. Pour apprendre davantage sur cette anomalie, lire le texte « *Les paradoxes du voyage dans le temps* » de David Lewis et son commentaire dans l'excellente introduction à la philosophie du temps dans LE BIHAN Baptiste, *Qu'est-ce que le temps ?*, Vrin, 2019.

5. DEUTSCH David, « Quantum Mechanics Near Closed Timelike Lines », *Physical Review* D 44, pp. 3197-3217, 1991.

6. BENNETT, C. H., « Teleportation, simulated time travel, and how to flirt with someone who has fallen into a black hole » Talk in QUPON, 2005.

7. CHIRIBELLA Giulio, D'ARIANO Giacomo Mauro, Perinotti Paolo et VALIRON Benoît, « Beyond Quantum Computers », *op. cit.*

8. ZYCH Magdalena, COSTA Fabio, PIKOVSKI Igor, BRUKNER Časlav, « Bell's Theorem for Temporal Order », *Nature Communications*, vol. 10, art. 3772, 2019 ; MÖLLER Natália S., SAHDO Bruna et YOKOMIZO Nelson, « Gravitational Quantum Switch on a Superposition of Spherical Shells », *Quantum*, vol. 8, p. 1248, 2024.

9. PROCOPIO Lorenzo, MOQANAKI Amir, ARAÚJO Mateus *et al.*, « Experimental superposition of orders of quantum gates », *Nature Communications,* vol. 6, art. 7913, 2015 ; RUBINO Giulia *et al.*, « Experimental Verification of an Indefinite Causal Order », *Science Advances* 3.3 : e1602589, 2017 ; GOSWAMI K. *et al.*, « Indefinite Causal Order in a Quantum Switch », *Physical Review Letters*, vol. 121, n° 9, 2018.

10. Pour être un peu plus précis, du point de vue de Circé, les descriptions mathématiques des portes d'entrée et de sortie du laboratoire de Scylla sont dites « temporellement délocalisées ». (Voir ORESHKOV Ognyan, « Time-delocalized Quantum Subsystems and Operations: On the Existence of Processes with Indefinite Causal Structure in Quantum Mechanics », *Quantum*, vol. 3, p. 206, 2019).

11. ARAÚJO Mateus, BRANCIARD Cyril, COSTA Fabio, FEIX Adrien, GIARMATZI Christina et BRUKNER Časlav, « Witnessing Causal Nonseparability », *New Journal of Physics*, vol. 17, n° 10, 2015 ; ORESHKOV Ognyan et GIARMATZI Christina, « Causal and Causally Separable Processes », New Journal of Physics, vol. 18, n° 9, 2016.

12. ORESHKOV Ognyan, COSTA Fabio et BRUKNER Časlav, « Quantum correlations with no causal order », *Nature Communications*, vol. 3, n° 1, p. 1092, 2012.

Épilogue

1. Pour une autre introduction des étrangetés modernes de la physique quantique, voir le livre de Nicolas Gisin, *L'impensable hasard*, Odile Jacob, 2012.

2. LAROUSSERIE David, « Les nouveaux paradoxes de la physique quantique », *Le Monde*, 29 novembre 2021.

3. « Bullshit » (« foutaise », « connerie ») est un concept théorisé par le philosophe Harry Frankfurt dans son ouvrage *De l'art de dire des conneries*, qui désigne une forme de contre-vérité qui ne s'apparente pas au mensonge délibéré, mais qui est prononcée sans aucun égard vis-à-vis de sa valeur épistémique, et dont la seule pertinence est sa fonction. FRANKFURT Harry G., *On Bullshit*, traduit par Didier Sénécal, 10/18, 2006 ; voir aussi MOBERGER Victor, « Bullshit, Pseudoscience and Pseudophilosophy », *Theoria*, vol. 86, n° 5, pp. 595-611, 2020.

4. De nombreuses perles sont répertoriées dans le livre *Quantox : Mésusages idéologiques de la mécanique quantique* (éditions Book-e-book, 2013) de Richard Monvoisin.

5. Pour aller plus loin : HANSSON Sven Ove, « Science and Pseudo-Science », *The Stanford Encyclopedia of Philosophy* (Fall 2021 Edition), Edward N. Zalta (ed.) ; PIGLIUCCI Massimo et BOUDRY Maarten (eds.), *Philosophy of Pseudoscience. Reconsidering the Demarcation Problem*, Chicago University Press, 2013 ; GRIM Patrick, *Philosophy of Science and the Occult*, 2e édition, SUNY Press, 1990 ; COVA Florian et FUHRER Joffrey, « Qu'est-ce qu'une pseudo-science ? », cours en ligne sur mediaserver.unige.ch, Université de Genève, février-mai 2021.

6. KAISER David, *How Hippies Save Physics: Science, Counterculture and the Quantum Revival*, 2011 ; SCHWEBER Silvan, « How the Hippies Saved Physics – Reviewed by Silvan Schweber », *Physics Today*, September 2011, pp. 59-60.

7. MARIN Juan Miguel, « Mysticism in Quantum Mechanics: The Forgotten Controversy », *European Journal of Physics*, vol. 30, n° 4, p. 807, 2009.

8. ENZ Charles P., *No Time to Be Brief: A Scientific Biography of Wolfgang Pauli*, Oxford University Press, p. 540, 2002.

9. « One can escape from this conclusion only by either assuming that the measurement of S1 (telepathically) changes the real situation of S2 or by denying independent real situations as such to things which are spatially separated from each other. Both alternatives appear to me entirely unacceptable. » Albert Einstein, notes autobiographiques, dans SCHILPP Paul A. (Ed.), *Albert Einstein: Philosopher-scientist* (vol. 1, pp. 1-94), Open Court, 1969 [1949].

10. Popularisée par l'endocrinologue Deepak Chopra dans son best-seller pseudo-scientifique *Le Corps quantique. Trouver la santé aux confins du corps et de l'esprit* (1989).

11. SANCHEZ Léa et AUDUREAU William, « La "médecine quantique", de fausses thérapies qui surfent sur les révolutions de la physique quantique », *Le Monde*, 11 octobre 2022.

12. GOUTHIÈRE Florian et DE LA ROCHE SAINT-ANDRÉ Elsa, « Cosmétique "quantique" de Guerlain : un fin vernis scientifique et une grosse louche de foutaises ? », *Libération*, 5 janvier 2024.

13. BOBROFF Julien, « Les arnaques quantiques (live) », YouTube, 15 janvier 2024.

14. Rappelons que, d'un point de vue théorique, quelque chose peut manifester des caractéristiques « quantiques » si vous pouvez vous en servir comme support physique d'un qubit, pour transgresser une inégalité de Bell ou construire une preuve géométrique de contextualité… Par ailleurs, d'un point de vue pratique, pour que ces « caractéristiques quantiques » se manifestent, elles ont besoin de conditions extrêmes : se couper presque complètement du monde extérieur, dans un quasi-noir absolu et/ou dans un froid quasi absolu. *Votre « corps » ou votre « esprit » ne sont donc pas « quantiques ».*

15. Bernstein Daniel et Lange Tanja, « Post-quantum Cryptography », *Nature*, vol. 549, pp. 188-194, 2017.

16. Pour une autre introduction sur les futures technologies quantiques en général, voir le livre de Julien Bobroff, *Bienvenue dans la nouvelle révolution quantique*, Flammarion, 2022.

17. Le « catastrophisme éclairé » consiste à adopter le scénario du pire comme s'il avait déjà eu lieu, certes, mais pour mieux faire en sorte qu'il n'arrive pas. (Bibliographie 6, Chapitre 7).

18. Bailly Sean, « A-t-on créé un trou de ver sur un ordinateur quantique ? », *Pour la Science*, n° 546, décembre 2022.

19. Sur Internet, une start-up parodique, « Dulwich Quantum Computing », met en lumière avec humour l'enthousiasme démesuré et le « bullshit » dans l'industrie et l'académie quantiques. À suivre ! https://dulwichquantum.github.io

20. CSA QUCATS, « Strategic Research and Industry Agenda 2030 », *Quantum Flagship*, février 2024.

21. Coenen Christopher, Grinbaum Alexei, Grunwald Armin, Milburn Colin et Vermaas Pieter, *NanoEthics*, vol. 16, pp. 1-6, 2022 (traduction personnelle).

22. Schrödinger Erwin, « Are There Quantum Jumps ? », *The British Journal for the Philosophy of Science*, vol. 3, n° 10, 1952.

23. Farrington Benjamin, « *Greek Science. Its meaning for Us* », Penguin books, 1953 ; Paty Michel, « Comparative History of Modern Science and the Context of Dependency », *Science Technology & Society*, vol. 4, n° 2, pp.171-204, 1999.

24. Phrase souvent attribuée, sans preuves, à Feynman. Quand on l'interrogea sur ce qu'il en pensait de cette citation, le philosophe des sciences Tim Maudlin rétorqua : « L'ornithologie serait bien utile aux oiseaux s'ils pouvaient la comprendre. »

25. « Philosophy is dead » est une célèbre phrase du physicien théoricien Stephen Hawking. Hawking Stephen et Mlodinow Leonard, *The Grand Design*, Transworld Publishers, 2010.

26. Rovelli Carlo, « Physics needs Philosophy. Philosophy needs Physics », *Foundations of Physics*, vol. 48, n° 5, pp. 481-491, 2018 ; voir également le texte de Bertrand Russell commenté dans *Curiosités philosophiques : de Platon à Russell* (Seuil, 2020) de Thibaut Giraud, dont la conclusion a fortement inspiré la fin ici présente.

27. Spekkens Robert et Hardy Lucien, « Why Physics Needs Quantum Foundations », *Physics in Canada*, vol. 66, n° 2, pp. 73-76, 2010.

Index

E

F

G

H

I

J

M

N

O

Table des matières

84616 - (I) - BAB 65 - NCO - CMU

Imprimerie CHIRAT - 42540 Saint-Just-la-Pendue

Dépôt légal : avril 2025 - N° 202503.0060

Imprimé en France